FORSCHUNGSBERICHTE
DES WIRTSCHAFTS- UND VERKEHRSMINISTERIUMS
NORDRHEIN-WESTFALEN

Herausgegeben von Staatssekretär Prof. Leo Brandt

Nr. 77

Meteor Apparatebau Paul Schmeck GmbH, Siegen

Entwicklung von Leuchtstoffröhren hoher Leistung

Als Manuskript gedruckt

WESTDEUTSCHER VERLAG / KÖLN UND OPLADEN

1954

ISBN 978-3-663-03623-4   ISBN 978-3-663-04812-1 (eBook)
DOI 10.1007/978-3-663-04812-1

Forschungsberichte des Wirtschafts- und Verkehrsministeriums Nordrhein-Westfalen

G l i e d e r u n g

A. Anforderungen der Lichtpaustechnik an die
   Lichtquellen . . . . S. 5

B. Bisher benutzte Lichtquellen: Bogenlampen
   und Quecksilberhochdruckröhren . . . . S. 6

C. Allgemeine Eigenschaften von Niederspannungs-
   Leuchtstoffröhren . . . . S. 8

D. Planung und Entwicklung von Leuchtstoffröhren
   hoher Leistung . . . . S. 12
   1. Röhrenlänge . . . . S. 12
   2. Röhrendurchmesser . . . . S. 17
   3. Elektrische Betriebswerte . . . . S. 19
   4. Röhrentemperatur . . . . S. 27
   5. Vergleich mit handelsüblichen Röhren . . S. 29

E. Anwendungsbeispiele . . . . S. 30

F. Literaturverzeichnis . . . . S. 35

A. Anforderungen der Lichtpaustechnik an die Lichtquellen

Die Lichtpaustechnik ist ein Sondergebiet der allgemeinen Photographie. Wie beim photographischen Kopierprozeß werden lichtempfindliche Schichten, die auf geeigneten Unterlagen, z.B. Papier, aufgebracht sind, unter Zwischenschaltung eines auf durchscheinendem Material befindlichen Originals, z.B. einer Zeichnung auf Transparentpapier, belichtet. Die lichtempfindliche Substanz besteht aus Diazo-Verbindungen, welche im unbelichteten Zustand eine gelbliche Farbe haben und bei Hinzutreten von feuchtem Ammoniakgas sich je nach Zusammensetzung in rot, braun, schwarz, blau verfärben. Die entstandene Färbung braucht nicht fixiert zu werden und ist verhältnismäßig lange haltbar. Werden die Diazo-Verbindungen belichtet, so wird die ursprünglich gelbliche Farbe zu Weiß ausgebleicht und verliert dann die Eigenschaft, sich bei Anwesenheit von Ammoniak dunkel zu färben. Man erhält also sofort eine positive Kopie des Originals, denn die hellen Stellen des Originals lassen Licht hindurch, welches das Pauspapier ausbleicht, sodaß an diesen Stellen bei der Entwicklung keine Färbung entsteht.

Verglichen mit den üblichen photographischen Emulsionen, wo die Belichtungszeiten Sekunden oder Bruchteile davon betragen, ist die Empfindlichkeit von Lichtpauspapieren wesentlich geringer, sie ist unter gleichen Verhältnissen etwa um den Faktor 100 kleiner. Lichtpauspapiere können daher ohne besondere Dunkelkammer bei gedämpftem Tageslicht verarbeitet werden. So angenehm die geringe Empfindlichkeit für die Handhabung ist, so erfordert sie aber zur Belichtung sehr intensive Lichtquellen, wenn die Belichtungszeiten in tragbaren Grenzen bleiben sollen.

Die Diazo-Verbindungen werden nur durch violettes und ultraviolettes Licht ausgebleicht. Der Bereich maximaler Empfindlichkeit liegt für Papiere mit blauer und schwarzer Färbung zwischen 3500 und 4000 Å. Papiere mit brauner und roter Färbung haben ebenfalls in diesem Gebiet ein Empfindlichkeitsmaximum, welches aber niedriger ist als das der blauen und schwarzen Papiere, zeigen aber abweichend von diesen nach Durchlaufen eines Minimums der Empfindlichkeit bei etwa 3250 Å nach kürzeren ultravioletten Wellen hin noch einen Anstieg der Empfindlichkeit zu wesentlich höheren Werten.

Grünes Licht und erst recht Licht von noch größerer Wellenlänge ist praktisch vollkommen unwirksam. Tageslicht wirkt nur durch seinen Gehalt an violetten und ultravioletten Strahlen.

An die Gleichmäßigkeit der Ausleuchtung der Lichtpauspapiere müssen auch verhältnismäßig hohe Anforderungen gestellt werden. Die Gradationskurve der Diazo-Emulsionen verläuft recht steil, sodaß Unterschiede in der Bestrahlungsstärke von nur 5% bereits deutlich erkennbare Farbtonänderungen auf der Pause hervorrufen.

B. Bisher benutzte Lichtquellen: Bogenlampen und Quecksilberhochdruckröhren

Diese Tatsachen zusammen mit der Forderung der Praxis nach kurzen Pauszeiten und kontinuierlichem Betrieb haben dazu geführt, daß während mehrerer Jahrzehnte bis in die neueste Zeit der Kohle-Lichtbogen als Lichtquelle vorherrschend war. Man benutzt Kohlebogenlampen, bei welchen der Lichtbogen in einer Glasglocke unter Luftabschluß brennt. Bei dieser Entladungsform treten bandenförmige Gebiete sehr starker Lichtemission im Bereich von 3600 bis 3900 Å auf, die sogenannten Zyan-Banden. Diesen verdankt der Kohle-Lichtbogen im wesentlichen seine Eignung und Wirksamkeit für Lichtpauszwecke. Das außerdem noch emittierte weiße Licht, die Spektralgebiete von grün bis rot, sind für den Lichtpauseffekt unwirksam. Die große Wärmeentwicklung durch die einen beträchtlichen Anteil der Gesamtstrahlung ausmachende Ultrarot-Emission ist ein schwerwiegender Nachteil, für manche besonders dünne Pauspapiere und -folien sogar schädlich. Da der Kohle-Lichtbogen praktisch eine punktförmige Lichtquelle darstellt, muß konstruktiv durch besondere Bewegungsmechanismen dafür gesorgt werden, daß die gesamte Fläche des Pausgutes gleichmäßig beleuchtet wird. Ein weiterer Nachteil ist der, daß die Bogenlampen wegen des Abbrands der Kohlen und der Verschmutzung der Glasglocken ständige Wartung erfordern.

Als 1901 COOPER-HEWITT die nach ihm benannte Quecksilber-Niederdrucklampe herausbrachte, wurde sie sehr bald auch für Lichtpauszwecke verwendet. Da diese Lampe eine langgestreckte Röhrenform hat und der in ihr brennende Quecksilberdampf-Lichtbogen bei 3650, 4047 und 4078 Å sehr intensive Linien

Forschungsberichte des Wirtschafts- und Verkehrsministeriums Nordrhein-Westfalen

aussendet, stand hier eine Lichtquelle zur Verfügung, die für Lichtpauszwecke geeignet sein mußte. Infolge der zu Anfang dieses Jahrhunderts noch wenig entwickelten Hochvakuum- und Glastechnik war es jedoch damals noch nicht möglich, die Leistung der Kohlebogenlampe auch nur annähernd zu erreichen.

Durch die Fortschritte der Hochvakuumtechnik und besonders in der Herstellung von Quarzglas war es möglich, in den dreißiger Jahren die bekannten Quecksilber-Hochdruckröhren zu schaffen, die eine ungemein intensive Strahlungsquelle für Ultraviolett darstellen. Diese Röhren arbeiten bei Quecksilber-Dampfdrucken von etwa 1 bis 2 Atmosphären. Dazu muß die Entladungsröhre auf Temperaturen von 360 bis 400 °C gebracht werden, was nur mit großer in der Röhre umgesetzter elektrischer Leistung zu erreichen ist. Wenn diese Leistung in tragbaren Grenzen bleiben soll, dann muß dafür gesorgt werden, daß die Röhre gegen zu starke Wärmeabfuhr durch Konvektion der umgebenden Luft geschützt wird. Dies erreicht man dadurch, daß man die eigentliche Entladungsröhre mit einem Schutzrohr aus Hartglas umgibt.

Während die Emissionslinien des Quecksilbers bei den Niederdruckröhren durchaus scharf sind, hat die bei hohen Drucken auftretende Druckverbreiterung der Linien zur Folge, daß das Spektrum mehr und mehr in ein nahezu kontinuierliches übergeht. Bei der Niederdruckentladung ist der weitaus überwiegende Teil der Gesamtstrahlung 60 % und mehr, auf die Resonanzlinie 2537 Å im Ultraviolett konzentriert, und der geringe ins sichtbare Gebiet fallende Anteil liefert ein blaues Licht, herrührend im wesentlichen von den starken Linien 4047, 4078 und 4348 Å im violetten und blauen Teil des Spektrums. Bei hohen Drucken verändert sich die Farbe der Entladung immer mehr ins Grünlich-Weißliche, da sich der Schwerpunkt der Energieabstrahlung immer mehr nach Rot hin verschiebt auf Kosten der Ultraviolettemission. Bei einem Quecksilberdampfdruck von etwa 1 Atm. werden weniger als 30% der zugeführten Energie als Linienspektrum abgestrahlt. Mehr als 70% gehen als Erwärmung des Entladungsgefäßes verloren und werden durch Konvektion (etwa 25 %) oder langwellige Wärmestrahlung (etwa 45 %) an die Umgebung abgegeben.

Das die Entladung umgebende Schutzrohr hat gleichzeitig noch einen anderen Zweck. Die kurzwellige ultraviolette Strahlung erzeugt in der

Atmosphäre Ozon und nitrose Gase, welche gesundheitsschädlich sind. Da das Wärmeschutzrohr die Quarzröhre vollständig gegen die Umgebung abschließt, können diese Gase nicht entweichen.

Leider kann die verhältnismäßig starke ultraviolette Emission der Quecksilberhochdruckröhren nicht voll ausgenutzt werden, da das Pausgut an der Außenwand eines Glaszylinders vorbeigeführt wird, in dessen Innern die Quarzlampe mit ihrem Schutzrohr angebracht ist. Da die normalen Gläser schon bei 3600 Å nahezu vollkommen undurchlässig werden, kann nur etwa ein Viertel der tatsächlich zur Verfügung stehenden gesamten ultravioletten Strahlung verwertet werden. Alle übrige Energie geht verloren. Die in Lichtpausmaschinen eingebauten Hochdruckröhren haben eine Leistungsaufnahme bis zu 4 ja sogar 5 kW. Ein solches Gerät erzeugt also in einer Stunde die enorme Wärmemenge von 3600 Cal und ist daher eigentlich nichts anderes als ein großer Ofen, der so nebenbei auch noch etwas Licht abgibt.

C. Allgemeine Eigenschaften von Niederspannungs-Leuchtstoffröhren

Es war von vornherein zu erwarten, daß Niederspannungs-Leuchtstoffröhren gegenüber den bisher verwendeten Lichtquellen erhebliche Vorteile bieten würden. Der Vorgang der Lichterzeugung ist bei diesen grundlegend anders. Die Lichtemission geht bei Kohlebogenlampen im wesentlichen vom hocherhitzten Krater aus und nur zu einem geringen Teil vom Gas, in welchem der Bogen brennt. Beim Quecksilber-Hochdruckbogen ist es überwiegend die Strahlung des angeregten Gases, von der, wie oben ausgeführt, aber leider nur ein kleiner Teil in das für Lichtpauszwecke wichtige Gebiet um 4000 Å fällt. Bei den Niederdruck-Leuchtstoffröhren werden die Entladungsbedingungen dagegen grundsätzlich so gewählt, daß der weitaus überwiegende Anteil, 60 % und mehr, der gesamten Strahlung des Quecksilberdampfes auf die Resonanzlinie bei 2537 Å entfällt. Für die sichtbaren Linien der Quecksilberstrahlung verbleiben nur wenige Prozent der Gesamtenergie und ebenso ist die Wärmestrahlung der langwelligen Quecksilberlinien im Infrarot demgegenüber relativ schwach.

Die hohe Ausbeute an ultravioletter Strahlung wird nun dazu benutzt, um einen auf der Innenseite der Entladungsröhre aufgebrachten Leuchtstoff intensiv anzuregen, der dann die unsichtbare Strahlung mit hohem Wirkungsgrad in sichtbares Licht umwandelt. Je nach Wahl des Leuchtstoffes oder der Zusammensetzung von Leuchtstoffmischungen hat man es dann weitgehend in der Hand, beliebig gewünschte Lichtfarben zu erzeugen. Die handelsüblichen Leuchtröhren haben weiße Lichtfarbe mit verschiedenen Abstufungen ihrer Farbtemperatur. Verglichen mit Glühlampen gleicher elektrischer Leistung senden sie einen etwa vier- bis fünfmal größeren Lichtstrom aus. Zu dieser wirtschaftlichen Überlegenheit kommt nun noch der wesentliche Vorteil, die Lichtfarbe den Erfordernissen spezieller Anwendungsgebiete optimal anpassen zu können, was bei den bisherigen Lichtquellen nur durch Vorschalten von Filtergläsern, also mit ganz beträchtlichem Lichtverlust möglich ist.

Wie bereits erwähnt, müssen Lichtquellen für Lichtpausgeräte möglichst viel Licht mit Wellenlängen um 4000 Å und im kurzwelligeren Bereich aussenden. Durch diese Forderung bleibt von der Vielzahl der bekannten Leuchtstoffe praktisch nur ein einziger übrig, nämlich $CaWO_4$. Dieses hat im Gebiet von 2537 Å ein starkes Absorptionsgebiet, wodurch eine intensive Anregung des Leuchtstoffs durch die Quecksilber-Resonanzstrahlung gewährleistet ist. Das Maximum der Emissionsbande liegt bei etwa 4100 bis 4200 Å. Die Emission selbst erstreckt sich mit allerdings sehr schnell abnehmender Intensität bis in den roten Teil des Spektrums. Dieser sichtbare Anteil ist aus den bekannten Gründen für Lichtpauszwecke unwirksam. Da aber auch ein beträchtlicher Energieanteil noch bei kürzeren Wellenlängen im langwelligen Ultraviolett abgestrahlt wird, so ist doch eine gute Wirksamkeit vorhanden.

Es gibt außerdem noch Leuchtstoffe, sogenannte black-light-Phosphore, die im langwelligen Ultraviolett eine Emissionsbande mit ihrem Maximum bei 3600 Å haben. Mit diesen ließen sich auch gute Wirkungen erzielen, wenn die Entladungsröhre und der Lichtpauszylinder aus ultraviolett-durchlässigem Glas, z.B. Uviolglas beständen. Gegen die Verwendung solcher Gläser sprechen aber mehrere Momente. Da diese Gläser wesentlich härter sind als die normaler Weise verwendeten, erfordern sie eine Verarbeitungstechnik, bei der der Aufwand größer und kostspieliger ist. Dazu kommt, daß diese Hartgläser besonders in den Größen, wie sie für die Pauszylinder nötig sind, nicht mehr schlieren- und blasenfrei herzustellen sind. Dadurch leidet aber die Gleichmäßigkeit der gewünschten Pausen. Die hohen Material- und Verarbeitungskosten stehen außerdem in keinem wirtschaftlich tragbaren Verhältnis zu der vielleicht zu erwartenden Leistungssteigerung. Da die gewöhnlichen Glassorten aber bereits bei 3600 Å nahezu vollkommen undurchlässig werden, ist die Verwendung dieser Ultraviolett-Phosphore in solchen Gläsern zwecklos.

Im Handel sind Leuchtstoffröhren mit $CaWO_4$ - Leuchtstoff erhältlich. Deren elektrische Leistung beträgt bei einem Durchmesser von 38 mm bei einer Röhrenlänge von 1200 mm 40 Watt und bei 1500 mm Länge 65 Watt. Vergleicht man diese Röhren in Bezug auf ihre für Lichtpauszwecke maßgebende aktinische Wirkung mit den bisher benutzten Lichtquellen, so zeigt sich, daß sie auf gleiche elektrische Leistung umgerechnet eine etwa dreimal größere Lichtleistung haben als Bogenlampen oder Hochdruckröhren. Dennoch sind die Pausleistungen von Maschinen, die mit handelsüblichen Leuchtstoffröhren bestückt werden, unzureichend, weil in den einzelnen Röhren eine zu geringe elektrische Leistung umgesetzt wird.

Wie schon erwähnt, ist für die Anregung des Leuchtstoffs die Resonanzlinie 2537 Å des Quecksilbers maßgebend. Diese wird in der Niederdruckentladung dann am intensivsten ausgestrahlt, wenn der Dampfdruck des Quecksilbers $6 \cdot 10^{-3}$ Torr beträgt. Das entspricht einer Temperatur von 40°C. Unter- und Überschreitung dieser Temperatur bedeutet eine Verminderung der Ausbeute der Resonanzstrahlung und damit natürlich auch eine Verringerung der Lichtausstrahlung durch den Leuchtstoff, da dieser dann weniger stark zur Fluoreszenz angeregt wird. Die üblichen Röhren sind nun im Allgemeinen vorgesehen für die Montage als freihängende Beleuchtungskörper. Die elektrische Leistung der Röhre und ihre geometrischen Abmessungen müssen daher so aufeinander abgestimmt sein, daß sich dabei durch Wärmeleitung und Konvektion der umgebenden Luft diese günstigste Temperatur von selbst einstellt. Es wäre daher ein Irrtum, zu glauben, daß man Leuchtröhren in geschlossenen Maschinen ohne Lüftung oder Kühlung verwenden könnte. Da hierbei alle in der Leuchtröhre verbrauchte elektrische Energie restlos in Wärme umgesetzt wird, so steigt die Temperatur im Innern der Maschine schon nach kurzer Zeit stark an. Die Röhren selber nehmen auch diese höhere Temperatur an, demgemäß steigt der Quecksilberdampfdruck über den optimalen Wert an und die Lichtleistung geht zurück. Da in großen Lichtpausmaschinen 10 und mehr Leuchtstoffröhren installiert sind, so sind schon nicht mehr ganz unbeträchtliche Wärmemengen abzuführen, die allerdings längst nicht so groß sind wie bei den entsprechenden Maschinen mit Hochdruckröhren.

Es läge nun nahe, die unzureichende Leistung der normalen Leuchtröhren durch Überlastung zu steigern, aber dieser Weg ist aus verschiedenen Gründen nicht gangbar. Die Kathoden der üblichen Röhren sind natürlich nur für eine genau festgelegte Strombelastung bemessen, die keine große Abweichung nach oben, aber auch nicht nach unten gestattet. Jede größere Überlastung hat Zerstörung der empfindlichen Kathoden in kurzer Zeit zur Folge.

Aber selbst wenn die Kathoden durch stärkere ersetzt werden, welche die höhere Strombelastung ohne Schwierigkeiten aushalten, zeigt sich, daß auf diesem Weg nur unerhebliche Fortschritte zu erzielen sind. Betreibt man nämlich eine normale Röhre von 38 mm Durchmesser mit höherer als normaler Stromstärke, so beobachtet man, daß mit zunehmendem Strom auch die Wärmeentwicklung in der Entladung zunimmt. Die Röhrentemperatur hat dann natürlich auch die Tendenz zu steigen, ließe sich aber durch verstärkte Kühlung mit einem kräftigen Luftstrom auf dem optimalen Wert halten. Dennoch bemerkt man, daß die Lichtemission mit wachsender Röhrenbelastung nicht mehr anwächst, sondern ein Maximum erreicht. Die Lichtausbeute nimmt ständig ab, und es hat garkeinen Zweck mehr, die Röhrenbelastung weiter zu steigern, da kein äquivalenter Lichtstrom, sondern nur noch Wärme erzeugt wird.

Diese eigenartigen Erscheinungen finden ihre Erklärung im Entladungsmechanismus der Quecksilber-Niederdruckröhren. Eine Erhöhung der Stromstärke der Entladung ist gleichbedeutend mit einer Vermehrung der Anzahl von Ladungsträgern, die in der Zeiteinheit durch den Querschnitt der Röhre hindurchtreten, also mit einer Erhöhung der Stromdichte. Je größer die Zahl der Elektronen ist, die pro Zeiteinheit den Entladungsquerschnitt passieren, umso höher liegt auch die Zahl der Zusammenstöße mit den neutralen Quecksilberatomen, die durch diese Zusammenstöße in höhere Energieniveaus gehoben, also angeregt werden. Dadurch nimmt aber auch die Wahrscheinlichkeit zu, die Quecksilberatome stufenweise anzuregen. Die vermehrten Zusammenstöße verhindern mehr und mehr das Zustandekommen einer ungestörten

Ausbildung der Resonanzstrahlung. Die Intensität der sichtbaren Linien des Spektrums nimmt stark zu auf Kosten der Intensität der ultravioletten Resonanzlinie, die für die Anregung des Leuchtstoffes maßgebend ist, sodaß also mit Steigen der Belastung der Röhre nur eine unerhebliche Zunahme der gesamten Lichtemission zu erreichen ist.

D. Planung und Entwicklung von Leuchtstoffröhren hoher Leistung

1. Röhrenlänge

Die Röhrenlänge ist bereits festgelegt durch die Breite der zu verarbeitenden Pauspapierrollen, die kontinuierlich durch die Maschine geschickt werden. Diese beträgt 100 bezw. 120 cm. Die Breite muß gleichmäßig ausgeleuchtet werden, wobei am Rande ein Abfall von höchstens 5% der Belichtungsstärke gegenüber der Mitte zulässig ist. Die Leuchtdichte längs der Oberfläche einer Leuchtröhre ist nun keineswegs konstant, sondern nimmt gegen das Ende hin ziemlich schnell ab. Das hat zwei Gründe. Einmal ist es konstruktiv durch die Montage der Kathoden auf einem Teller-Quetschfuß bedingt, daß die wirkliche Länge der Entladung einige cm kürzer ist als die geometrische Länge des Entladungsrohres. Andererseits wird die ultraviolette Resonanzstrahlung im wesentlichen nur in der positiven Säule der Entladung erzeugt. Diese positive Säule ist durch den FARADAYschen Dunkelraum vom negativen Glimmlicht, welches dicht auf der Kathode aufsitzt, getrennt. In diesem Dunkelraum findet keine Strahlungserzeugung statt. An der Anode ist kein solcher Dunkelraum vorhanden, da aber bei Wechselstrombetrieb, wie er durchgängig bei Leuchtröhren üblich ist, der Strom durch die Entladung 100-mal in der Sekunde seine Richtung ändert, wechseln Anode und Kathode und ebenso alle Teile der Entladung, im besonderen auch der FARADAYsche Dunkelraum, dauernd ihre Stellung. Dadurch werden die Enden der Röhre, wo jeweils der FARADAYsche Dunkelraum abwechselnd liegt, im Mittel nur mit der halben Ultraviolett-Intensität angeregt wie der Teil der Röhre, der ständig im Bereich der positiven Säule bleibt, und haben daher eine geringere Leuchtdichte. Da die Länge des FARADAYschen Dunkelraumes etwa gleich dem Durchmesser der Röhre ist und für die Montagehöhe der Kathoden über dem Boden der Röhre etwa auch die Länge des Röhrendurchmessers einzusetzen ist, so erhält man die Länge der Zone gleichmäßiger

Forschungsberichte des Wirtschafts- und Verkehrsministeriums Nordrhein-Westfalen

Flächenhelligkeit, wenn man von der gesamten Röhrenlänge rund das Vierfache des Durchmessers abzieht.

In Abbildung 1 ist die an einer handelsüblichen Röhre mit 38 mm Durchmesser und 120 cm Länge bei 40 Watt Belastung beobachtete Leuchtdichteverteilung wiedergegeben. Sie wurde gemessen mit einer Photozelle, die eine wirksame Öffnung von 1 cm^2 hatte und welche direkt an der Oberfläche der Röhre anlag. Die Leuchtdichtewerte sind in willkürlicher Einheit angegeben.

Die Beleuchtung, die diese auf gleichmäßige Leuchtdichte reduzierte Röhre auf einer Pausfläche erzeugt, ist nun keineswegs gleichmäßig. Unter Berücksichtigung der Geometrie der Anordnung ist es durchaus möglich, die Beleuchtungsstärke in jedem Punkt des Pauszylinders anzugeben, wie sie von einem beliebigen Flächenelement einer Leuchtröhre erzeugt wird. Die Integration führt jedoch, wie man leicht einsieht, für Leuchtröhren endlichen Durchmessers auf elliptische Integrale. Da nun in den Pausmaschinen stets mehrere Röhren vorhanden sind, die ziemlich dicht an den Pauszylinder herangerückt werden, reicht es zur Orientierung vollkommen aus, wenn man die Leuchtröhre endlichen Durchmessers durch eine unendlich dünne Lichtlinie ersetzt und die Beleuchtungsstärke ausrechnet, die von dieser Lichtlinie auf einer Ebene parallel zu dieser erzeugt wird. Es genügt ferner, auf dieser Ebene nur die Gerade zu betrachten, die den geringsten Abstand von der Lichtlinie hat. Eine ganz exakte Berechnung müßte überdies die Reflektionsverluste an den Glasflächen des Pauszylinders berücksichtigen. Dabei gehen jedoch die FRESNELschen Formeln in die Berechnung ein, die dann in geschlossener Form sowieso nicht mehr durchführbar ist.

In Abbildung 2 ist A ein Punkt auf der leuchtenden Linie von der Länge 2 l, die im Abstand d der zu beleuchtenden Ebene gegenübersteht. A hat den Abstand d von der Mitte der leuchtenden Linie. B sei ein Punkt mit der Koordinate x auf der Geraden, deren Beleuchtungsverteilung ermittelt werden soll.

Wenn die leuchtende Linie die gesamte Intensität E ausstrahlt, dann entfällt in Richtung auf den Punkt B der Anteil

$$\frac{E}{2\,l} \cdot \cos\alpha \cdot dy$$

Dadurch entsteht im Punkte B die Beleuchtungsintensität:

$$dJ = \frac{E}{2\,l} \cdot \frac{\cos^2\alpha}{s^2} \cdot dy$$

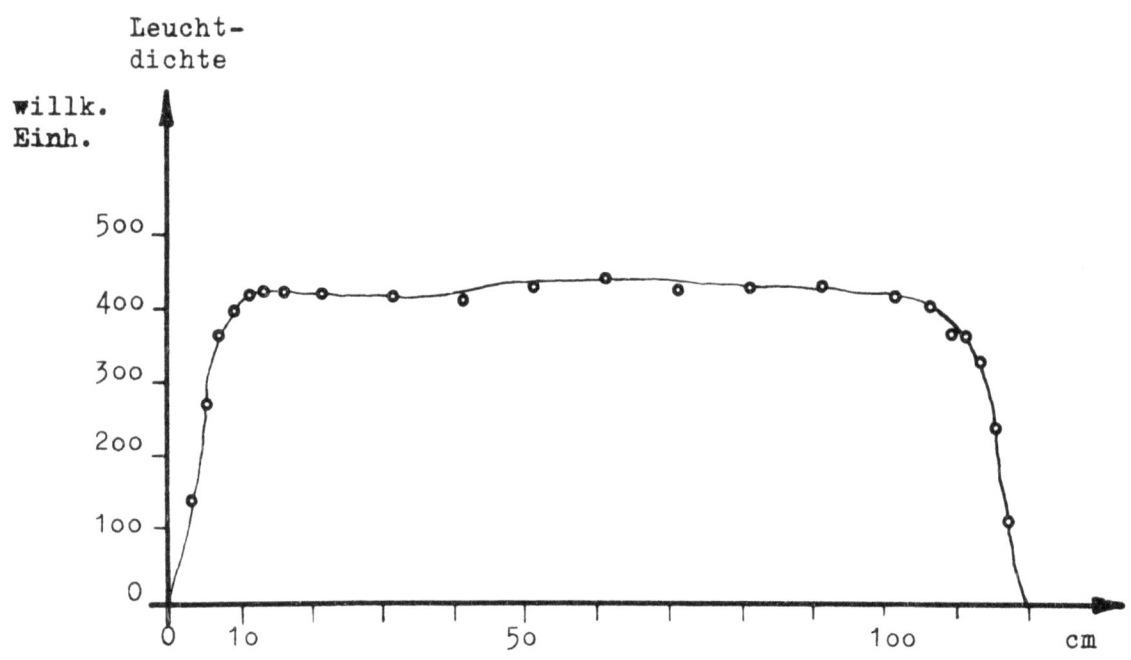

Abbildung 1
Verteilung der Leuchtdichte entlang einer Leuchtstoffröhre
von 120 cm Länge

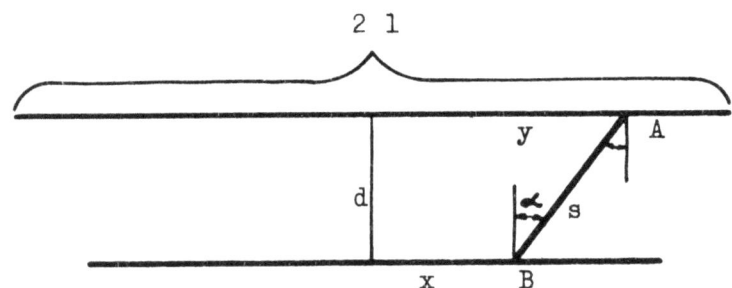

Abbildung 2
Zur Berechnung der von einer Leuchtstoffröhre erzeugten
Beleuchtungsstärke

Die gesamte Intensität im Punkte B ergibt sich durch Integration über die Länge der leuchtenden Linie:

$$J = \frac{E}{2l} \cdot \int_{-l}^{+l} \frac{\cos^2\alpha}{s^2} dy$$

Zur Abkürzung führen wir ein:

$$\lambda = \frac{x}{l} ; \qquad \delta = \frac{d}{l} ;$$

Wenn dann noch die Intensität für x = o, also unter der Mitte der Leuchtröhre, mit J_o bezeichnet wird, dann ergibt die Integration:

$$J/J_o = \frac{2}{2 + \pi} \cdot \frac{1}{\delta} \cdot \left\{ \frac{\frac{1+\lambda}{\delta}}{1 + (\frac{1+\lambda}{\delta})^2} + \frac{\frac{1-\lambda}{\delta}}{1 + (\frac{1-\lambda}{\delta})^2} + \arctan\frac{1+\lambda}{\delta} + \arctan\frac{1-\lambda}{\delta} \right\} ;$$

Die Beleuchtungsstärke hängt also in komplizierter Weise von Länge und Abstand ab und ist in Abbildung 3 als Funktion von λ mit δ als Parameter dargestellt. Aus den Kurven geht hervor, daß bei einem zugelassenen Randabfall von 5 % für δ = o,1, λ = o,85 ist, dagegen bei δ = o,05 λ bereits o,93 erreicht.

Für eine Arbeitsbreite von 2x = 100 cm ergibt sich damit als Mindestwert der gleichmäßig leuchtenden Röhrenlänge

2 l = 118 cm für δ = 0,1   und   2 l = 108 cm für δ = 0,05;

ebenso für eine Arbeitsbreite 2 x = 120 cm:

2 l = 141 cm für δ = 0,1   und   2 l = 129 cm für δ = 0,05.

Aufgrund dieser Werte und unter Berücksichtigung der konstruktiven Daten der Maschinen und Röhren wurden folgende Gesamtlängen der Röhren gewählt:

für eine Arbeitsbreite von 100 cm: 133 cm
für eine Arbeitsbreite von 120 cm: 153 cm

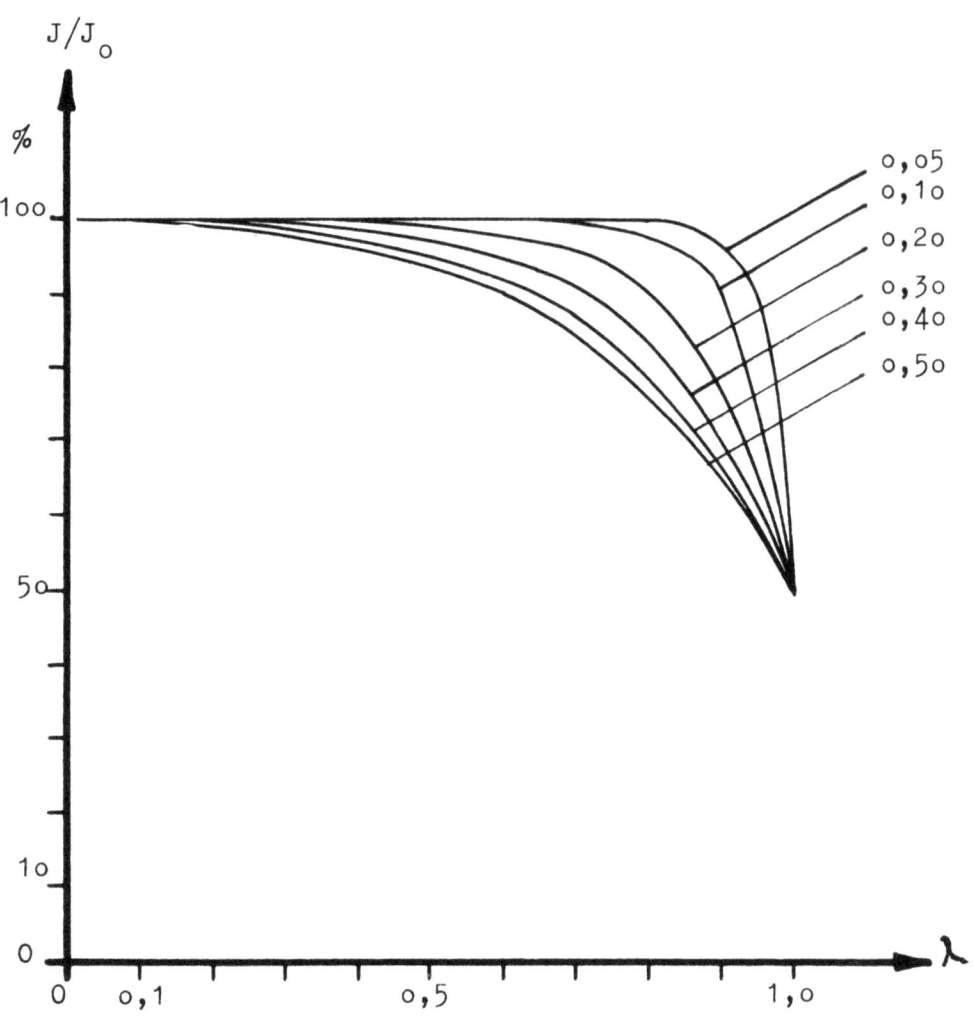

Abbildung 3
Abhängigkeit der Beleuchtungsstärke von Breite und
Abstand des Pausgutes von der Leuchtstoffröhre

Forschungsberichte des Wirtschafts- und Verkehrsministeriums Nordrhein Westfalen

2. Röhrendurchmesser

Als weitere verfügbare Größen bleiben jetzt nur noch Röhrendurchmesser und Röhrenstrom. Es stand von vornherein fest, daß in den mit Leuchtröhren bestückten Lichtpausmaschinen durch Ventilatoren für Kühlung gesorgt werden mußte. Daher konnten von Anfang an Röhren mit höherer Leistung als bisher üblich geplant werden. Da dieser Weg aber, wie schon ausgeführt, allein nicht zum Ziel führt, muß außerdem der Röhrendurchmesser größer als bei den bisherigen Röhren gewählt werden.

Die Festlegung des Durchmessers und des Röhrenstroms ist nun ein sehr schwieriges Problem, da hierbei auf eine große Anzahl verschiedener Erscheinungen Rücksicht zu nehmen ist, die in komplizierter Weise zusammenwirken und so das Resultat, den ausgestrahlten Lichtstrom beeinflussen.

Untersucht man die im Handel erhältlichen Röhren auf ihre spezifische Belastung, also die Anzahl Watt, die auf 1 cm^2 der Röhrenoberfläche entfallen, so zeigt sich, daß sie alle zwischen 0,023 und 0,047 W/cm^2 liegen. Unter 0,023 W/cm^2 bleibt die Röhre zu kalt, die elektrische Leistung wird nicht voll ausgenutzt und die Röhrenkosten pro Einheit des abgestrahlten Lichtstroms sind zu hoch. Über 0,047 W/cm^2 wird die Röhre zu heiß und die Lichtausbeute wird wieder zu klein. Diese Zahlen gelten für natürliche Kühlung durch Wärmeleitung und Konvektion der umgebenden Luft.

Man erhält aus diesen Zahlen ein sehr übersichtliches Bild von der Abhängigkeit der Röhrenbelastung vom Durchmesser, wenn man die spezifische Röhrenleistung bezogen auf 1 m Länge errechnet. Da die Röhrenoberfläche mit d als Durchmesser und 2 l als Röhrenlänge gleich $\pi \cdot d \cdot 2l$ ist, so ergibt sich als spezifische Röhrenbelastung:

$$N^* \, [W/m] = \{7{,}25 \text{ bis } 14{,}5\} \cdot d \, [cm]$$

Diese Zahlen stimmen ganz brauchbar überein mit denen, die aus Untersuchungen über den Wärmeaustausch zwischen waagerecht liegenden erwärmten Röhren und der umgebenden ruhenden Luft bekannt sind.

Es wäre nun fehlerhaft, aus diesen Werten den Schluß zu ziehen, daß man nur den Durchmesser d entsprechend groß zu wählen hätte, um beliebige Belastungen in der Röhre unterbringen zu können. Dabei wäre nämlich übersehen worden, daß diese Zahlen ja nur über die Wärmebilanz der Röhre Auskunft geben, also aussagen, welche Leistung in einer Röhre von gegebenem Durchmesser umgesetzt werden muß, damit deren Oberfläche eine bestimmte

Forschungsberichte des Wirtschafts- und Verkehrsministeriums Nordrhein Westfalen

Temperatur gegenüber der Umgebung annimmt. Die optischen und elektrischen Vorgänge in der Gasentladung werden dadurch überhaupt nicht erfaßt.

Die Verwendung von übermäßig dicken Röhren verbietet sich aus folgenden Gründen. Jedes im Entladungsraum bei der Anregung durch Elektronenstoß entstehende Lichtquant der Resonanzstrahlung des Quecksilbers hat bis zur Leuchtstoffschicht einen mehr oder weniger langen Weg zurückzulegen. Es bewegt sich dabei im Quecksilberdampf, der für seine eigene Resonanzstrahlung natürlich einen großen Absorptionskoeffizienten besitzt. Dieser Absorptionskoeffizient sei α. Wird an der Stelle x = o die Intensität J_o der Resonanzstrahlung erzeugt, so kommt davon an der Stelle x nur noch der Bruchteil

$$J_x = J_o \cdot e^{-\alpha x}$$

an. Unter sonst gleichen Umständen klingt also die Intensität exponentiell mit der durchlaufenen Strecke ab. Nehmen wir zur Vereinfachung an, daß die gesamte Resonanzstrahlung auf der Achse der Entladungsröhre erzeugt wird, so erreicht davon die im Abstand r auf der Innenwand der Glasröhre sitzende Leuchtstoffschicht noch:

$$J_r = J_o \cdot e^{-\alpha r}$$

bei einer Röhre mit doppeltem Radius wird dann:

$$J_{2r} = J_o \cdot e^{-\alpha \cdot 2r} = J_o \cdot \left\{ e^{-\alpha r} \right\}^2$$

Eine genaue Berechnung müßte berücksichtigen, daß im ganzen Volumen der Gasentladung Resonanzstrahlung erzeugt wird, und man müßte eine Mittelwertsbildung über alle Volumenelemente des Raums und alle möglichen Richtungen vornehmen, um exakte Angaben über die Selbstabsorption machen zu können. Man erkennt aber bereits aus den obigen sehr vereinfachten Betrachtungen, daß einer Vergrößerung des Röhrendurchmessers sehr schnell Grenzen gesetzt sind.

Es existieren aber auch von Seiten der elektrischen Energiebilanz Gründe, den Röhrendurchmesser nicht zu groß zu wählen. In einer Gasentladung unterscheidet man Wand- und Volumenverluste. Die Wandverluste rühren her von der Wiedervereinigung von positiven Ionen und Elektronen, die bevorzugt an der Begrenzungsfläche der Entladung vor sich geht. Dadurch werden der Entladung ständig Ladungsträger entzogen und der äquivalente Energiebetrag geht für den Entladungsaufbau verloren. Diese Wandverluste sind dem Umfang, also dem Durchmesser proportional. Die Volumenverluste rühren her von den unelastischen Zusammenstößen zwischen Elektronen und neutralen und angeregten Atomen, von welchen zwar ein Teil zur nützlichen Lichtemission, ein anderer aber nur zur Erwärmung des Gases führt. Diese Verluste sind dem Volumen der Röhre, also dem Quadrat des Durchmessers proportional, steigen daher sehr schnell mit zunehmender Röhrendicke und würden bald zu große Beträge annehmen.

3. Elektrische Betriebswerte

Das Wechselspiel zwischen Wand- und Volumenverlusten ist ferner maßgebend für die Strom-Spannungs-Charakteristik der Entladung. Da die Leuchtröhren unter Vorschaltung von Drosseln aus dem Niederspannungs-Wechselstromnetz betrieben werden, ist es nicht gleichgültig, wie hoch die Brennspannung der Röhren liegt. Die Brennspannung selbst hängt in sehr verwickelter Weise ab von Länge und Durchmesser der Entladungsröhre, von der Art der Gasfüllung und deren Druck und vom Strom durch die Entladung. Sie teilt sich auf in die Spannungsabfälle an den Elektroden und in der positiven Säule. Bei Entladungen in Quecksilberdampf tritt nur der Kathodenfall in Erscheinung, er beträgt etwa 8 - 12 Volt und ist im Bereich der hier vorliegenden Bogenentladung ziemlich unabhängig von der Stromstärke und den Abmessungen der Röhre. Die übrige Spannung wird in der positiven Säule verbraucht und ist unter sonst gleichen Bedingungen der Länge der positiven Säule direkt proportional. Nun ist die Länge der positiven Säule durch die Gesamtlänge der Entladungsröhre bereits mit festgelegt, sodaß also nur noch Gasdruck, Röhrendurchmesser und Strom als Variable übrig bleiben.

Beim Gasdruck steht kein großer Variationsbereich zur Verfügung. Er ist gegeben durch den Dampfdruck des Quecksilbers, also durch die Temperatur der Entladungsröhre, und durch den Fülldruck der Edelgasbeimischung, die im allgemeinen aus Argon besteht. Diese ist aus verschiedenen Gründen notwendig. Entladungen in reinem Quecksilberdampf haben bei den üblichen Röhrenlängen eine sehr hohe Zündspannung und können daher beim Betrieb an

Niederspannungsnetzen ohne besondere Hilfsmaßnahmen nicht zum Brennen gebracht werden. Ferner ist die Lebensdauer solcher Röhren sehr gering, da die Kathoden zu stark zerstäuben. Die Beigabe von Argon setzt die Zündspannung beträchtlich herab und verringert die Zerstäubung. Aber bereits hier muß ein Kompromiß gefunden werden. Für eine leichte Zündung wäre es zweckmäßig, den Argondruck bei größenordnungsmäßig 0,1 Torr zu wählen. Dieser geringe Druck verringert aber die Kathodenzerstäubung noch kaum, dazu wären Drucke von etwa 10 Torr notwendig. Dabei ist aber die Zündung schon schwierig, da die Zündspannung nach Durchlaufen eines Minimums mit zunehmendem Druck wieder ansteigt. Man wählt daher einen Fülldruck von etwa 2 bis 4 Torr, der sowohl gute Lebensdauer, als auch gute Zündung garantiert.

Als Variable bleiben dann noch Durchmesser und Strom. Nun sind zwar vielfach Messungen über die Eigenschaften von Gasentladungen der verschiedensten Formen angestellt worden, es liegt jedoch im Wesen der Gasentladungsphysik, daß es ungemein schwierig ist, die vielen verstreuten Einzeldaten für eine quantitative Vorausberechnung nutzbar zu machen. Die Gesetzmäßigkeiten der Elementarprozesse und ebenso viele phänomenologische Regeln sind zwar gut bekannt, es gelingt bei der Vielfalt der zusammenwirkenden Effekte jedoch nicht, diese in einer umfassenden Theorie des Entladungsmechanismus zu vereinigen, welche die rechnerische Behandlung eines bestimmten vorgelegten Problems ermöglicht.

Die zusammenhanglosen Messungen über den Gradienten in der positiven Säule lassen sich nach unveröffentlichten Untersuchungen des Verfassers in folgender Formel zusammenfassen:

$$E = a \cdot p^{1/2} \cdot i^{-1/3} \cdot d^{-1/3}$$

Darin sind:

E (Volt/cm) die achsiale Feldstärke der positiven Säule
p (Torr) der Gasdruck
i (Amp) die Stromstärke
d (cm) der Durchmesser der Entladungsröhre

a hängt ab von der Art der Gasfüllung und ist für Quecksilberdampfentladungen ungefähr gleich 0,55.

Die Formel umfaßt überraschender Weise einen sehr weiten Bereich von Entladungsformen, von der Glimmentladung über den Niederdruck-Lichtbogen bis zur Hochdruckentladung, was darauf hindeutet, daß trotz der heuristischen Form ihrer Ableitung in ihr eine tiefere Gesetzmäßigkeit enthalten ist. Die Übereinstimmung der an Hand der Formel vorausberechneten Werte mit dem Experiment liegt bei ± 1o %, was für Gasentladungs-Untersuchungen schon eine respektable Genauigkeit ist.

In Abbildung 4 ist obige Formel kurvenmäßig wiedergegeben.

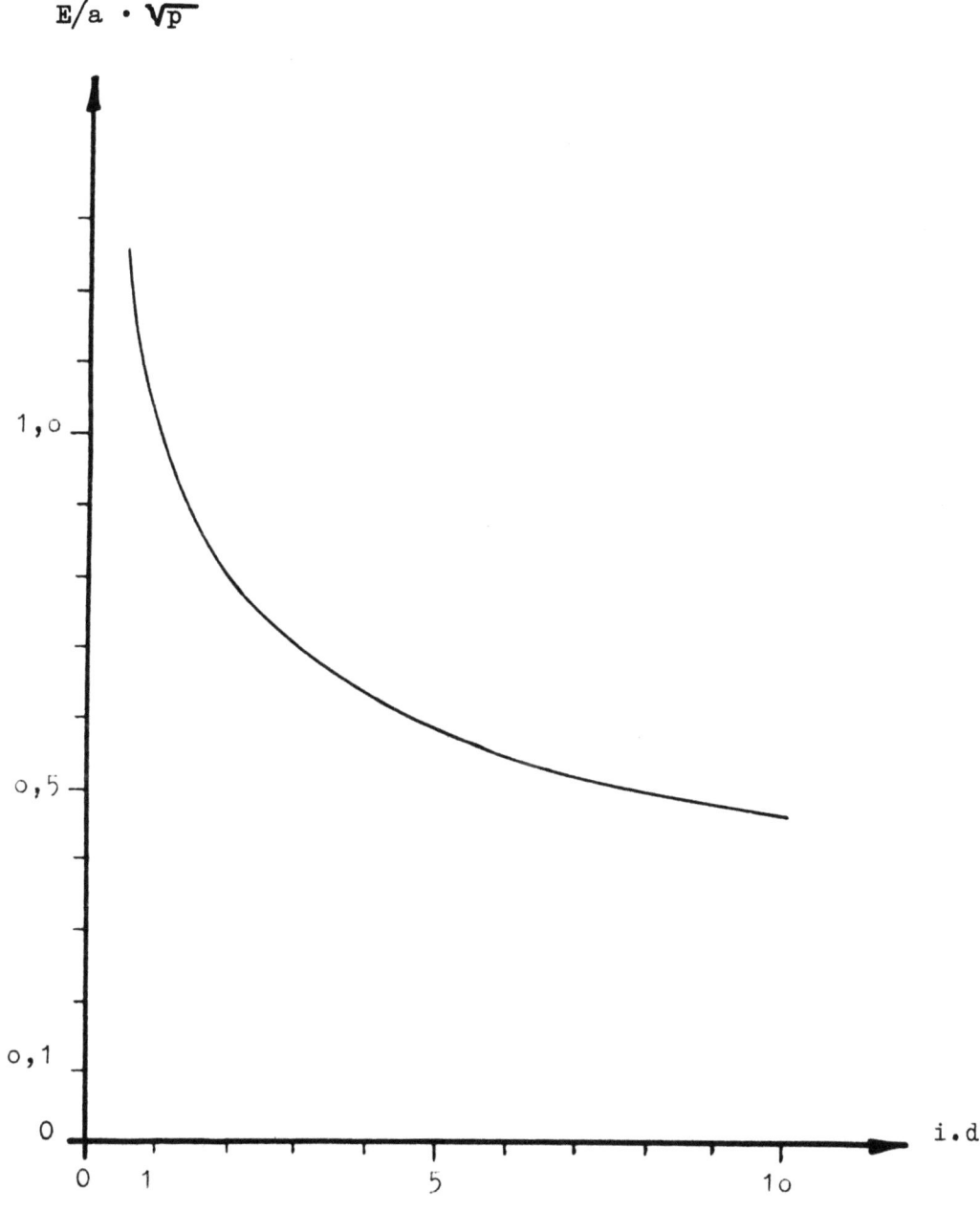

A b b i l d u n g   4

Abhängigkeit der Feldstärke in der positiven Säule
von Gasdruck, Strom und Röhrendurchmesser

Für einige amerikanische Röhrentypen ergeben sich z.B.

    $d = 1,6$ cm; $i = 0,16$ A., $2 l = 54$ cm
    Röhrenspannung laut Liste: 100 V, berechnet 95 V.

    $d = 3,8$ cm; $i = 0,42$ A., $2 l = 120$ cm
    Röhrenspannung laut Liste: 106 V, berechnet 113 V.

    $d = 5,4$ cm; $i = 1,50$ A., $2 l = 150$ cm
    Röhrenspannung laut Liste: 75 V, berechnet 80 V
    hierbei wurde $p = 4$ Torr angenommen.

Wie aus der Kurve hervorgeht, wird die Feldstärke umso kleiner, je größer der Durchmesser wird. Die Brennspannung setzt sich zusammen aus dem Spannungsabfall in der positiven Säule und dem Kathodenfall. Der Spannungsabfall in der positiven Säule ist gleich der Feldstärke in ihr mal ihrer Länge. Der Kathodenfall ist konstant, somit wird bei sinkender Brennspannung sein Anteil an der Röhrenspannung immer größer. Da nur der auf die positive Säule entfallende Spannungs- und also auch Leistungsanteil in ultraviolette Strahlung umgesetzt wird, so sinkt der Wirkungsgrad der Röhre mit abnehmender Brennspannung. Die Röhrenspannung darf also nicht zu niedrig werden.

Im praktischen Betrieb wird die Differenz zwischen Brennspannung der Röhre und der Netzspannung von einer Drossel aufgenommen. Hierbei ist von Wichtigkeit, daß am 220-Volt Netz die Röhrenspannung nicht zu weit über 100 Volt liegt, da sonst bei den unvermeidlichen Spannungsschwankungen zu starke Stromschwankungen in der Röhre auftreten. Andererseits soll die Röhrenspannung auch nicht zu tief unter 100 Volt liegen, da sonst, ganz abgesehen von dem eben erwähnten zu geringen Röhrenwirkungsgrad, auch noch der Leistungsfaktor zu schlecht wird. Dadurch wird also auch die Größe des Durchmessers nach oben hin begrenzt.

Um in einer dickeren Röhre genügend Leistung umzusetzen, muß natürlich auch ein größerer Strom fließen, denn die Leistung pro Längeneinheit der positiven Säule ist gegeben durch das Produkt aus Strom und Feldstärke, und dieses Produkt steigt mit wachsendem Strom mit $i^{2/3}$ an. Nun sind aber Strom und Feldstärke miteinander gekoppelt: mit wachsendem Strom sinkt die Feldstärke. Aus den geschilderten Gründen darf daher die Stromstärke nicht zu hoch getrieben werden. Hier ziehen demnach die elektrischen Eigenschaften der Gasentladung eine ähnliche Grenze wie früher die Anregungsbedingungen der Resonanzstrahlung. Schließlich sind noch die Gegebenheiten der glastechnischen Verarbeitung zu beachten: Mit wachsendem Durchmesser steigen nicht nur die Materialkosten, sondern die Verarbeitungsschwierigkeiten werden auch unverhältnismäßig größer.

Die Berücksichtigung aller dieser so verschiedenen Gesichtspunkte in einem Kompromiß führte dazu, für den Durchmesser der Röhren 5 cm zu wählen. Für den Röhrenstrom bleibt dann keine sehr große Variationsmöglichkeit mehr. Es waren Werte in der Größenordnung von 1,4 bis 2,0 Amp zu erwarten, wobei die Entscheidung über die zweckmäßigste Größe dann durch Messungen an Versuchsröhren zu treffen war.

Die Messungen wurden auf folgende Weise durchgeführt. Die Röhre wurde mit einem Glasrohr von 1 cm größerem Durchmesser umgeben, welches mit Gummimanschetten abgedichtet war. Durch den so gebildeten Mantel wurde Kühlwasser geleitet, welches auf konstanter Temperatur gehalten werden konnte. Die Lichtleistung wurde mit einer Photozelle gemessen. Da nur der für Lichtpauszwecke maßgebende Spektralbereich interessierte, so wurde ein Violettglasfilter, SCHOTT U G 5, 2 mm stark, vorgeschaltet, welches die sichtbare Strahlung absorbiert und erst ab 4200 Å durchlässig ist.

Die Angabe des von der Röhre ausgestrahlten Lichtstroms in Lumen hat im vorliegenden Falle gar keinen Sinn, da hierbei eine Bewertung des Lichts nach Maßgabe der optisch-physiologischen Eigenschaften des menschlichen Auges stattfindet. Dieses ist aber in dem betrachteten Spektralbereich vollkommen unempfindlich. Eine Messung in Lumen würde nur die im sichtbaren Gebiet liegende Strahlung der Röhren erfassen, also garnichts aussagen über deren aktinische Wirksamkeit in bezug auf Lichtpauspapiere. Die Angabe der Flächenhelligkeit der Röhren erfolgt also in willkürlichen Einheiten. Da aber unter den gleichen Bedingungen die normalen Röhren des Handels gemessen wurden, so ergeben sich doch einwandfreie Vergleichsmöglichkeiten.

Zur Festlegung der zweckmäßigsten Röhrenbelastung wurde die Leuchtdichte der Röhren in Abhängigkeit von deren Strombelastung gemessen. Die Temperatur war konstant 17 °C. Der Strom wurde durch Herabsetzen der Netzspannung eingestellt. Die Ergebnisse enthält Tabelle 1. In ihr bedeuten:

U_N (Volt)   die Netzspannung

N_N (Watt)   die dem Netz entnommene Leistung, einschließlich Drosselverluste

i_R (Amp.)   der Röhrenstrom
U_R (Volt)   die Röhrenspannung
N_R (Watt)   die Röhrenleistung
L (willkürliche Einheit) die Leuchtdichte der Röhre

Tabelle 1

U_N Volt	N_N Watt	i_R Amp.	U_R Volt	N_R Watt	L willk.Einheit
224	155	1,88	82,5	132	540
210	143	1,70	85,5	123	530
200	135	1,58	88,0	118	525
190	124	1,40	90,5	108	515
180	113	1,23	94,0	98	500
170	103	1,10	98,0	92	490
160	90	0,93	103	82	465
150	75	0,75	110	70	420
142	46	0,42	125	44	320

In Abbildung 5 ist L als Funktion von N_R in einer Kurve dargestellt. Man erkennt, daß bei hohen Werten der Röhrenbelastung die Leuchtdichte nicht mehr wesentlich ansteigt. Es hat also keinen Sinn, die Röhrenleistung im vorliegenden Fall höher als etwa 130 W zu treiben, weil dann der Gewinn an Leuchtdichte in keinem Verhältnis steht zum Mehraufwand an elektrischer Leistung. Als günstigste Stromstärke ergibt sich damit ein Wert von 1,5 bis 1,7 Amp.

An Hand der gemessenen Werte der Röhrenspannung kann auch ein Vergleich zwischen Theorie und Experiment durchgeführt werden. Zu diesem Zwecke wurde auf Grund der Formel die Brennspannung ausgerechnet. Es sind:

$$d = 4,8 \text{ cm}; \quad p = 4 \text{ Torr.}$$

Die Länge der positiven Säule beträgt 138 cm, der Kathodenfall wurde mit 10 Volt angesetzt. Das Ergebnis ist in Abbildung 6 dargestellt. Die ausgezogene Kurve zeigt die so berechneten Werte der Brennspannung, die eingetragenen Punkte sind die gemessenen Werte, beide als Funktion der Stromstärke.

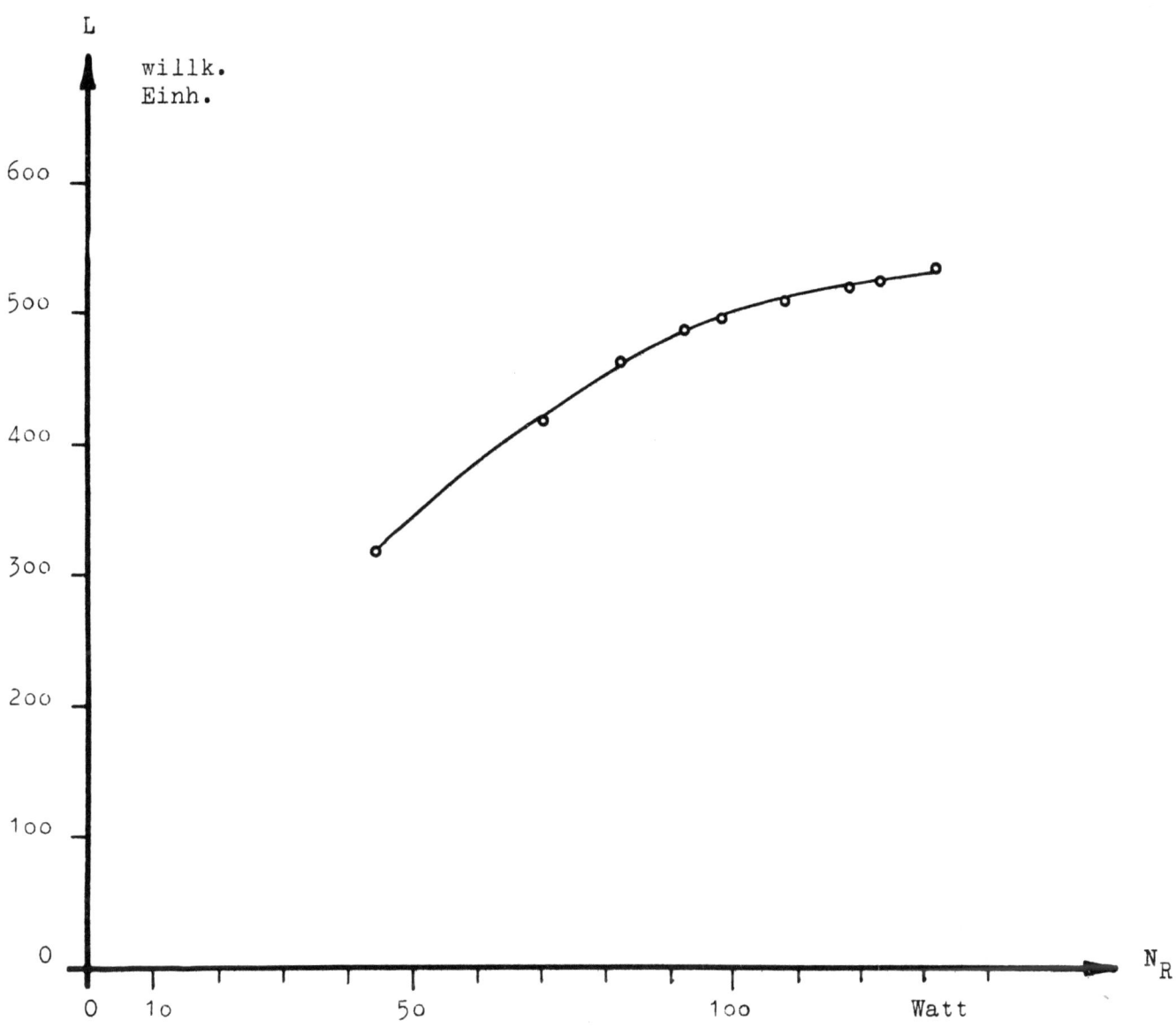

Abbildung 5
Zusammenhang zwischen Leuchtdichte und Röhrenleistung

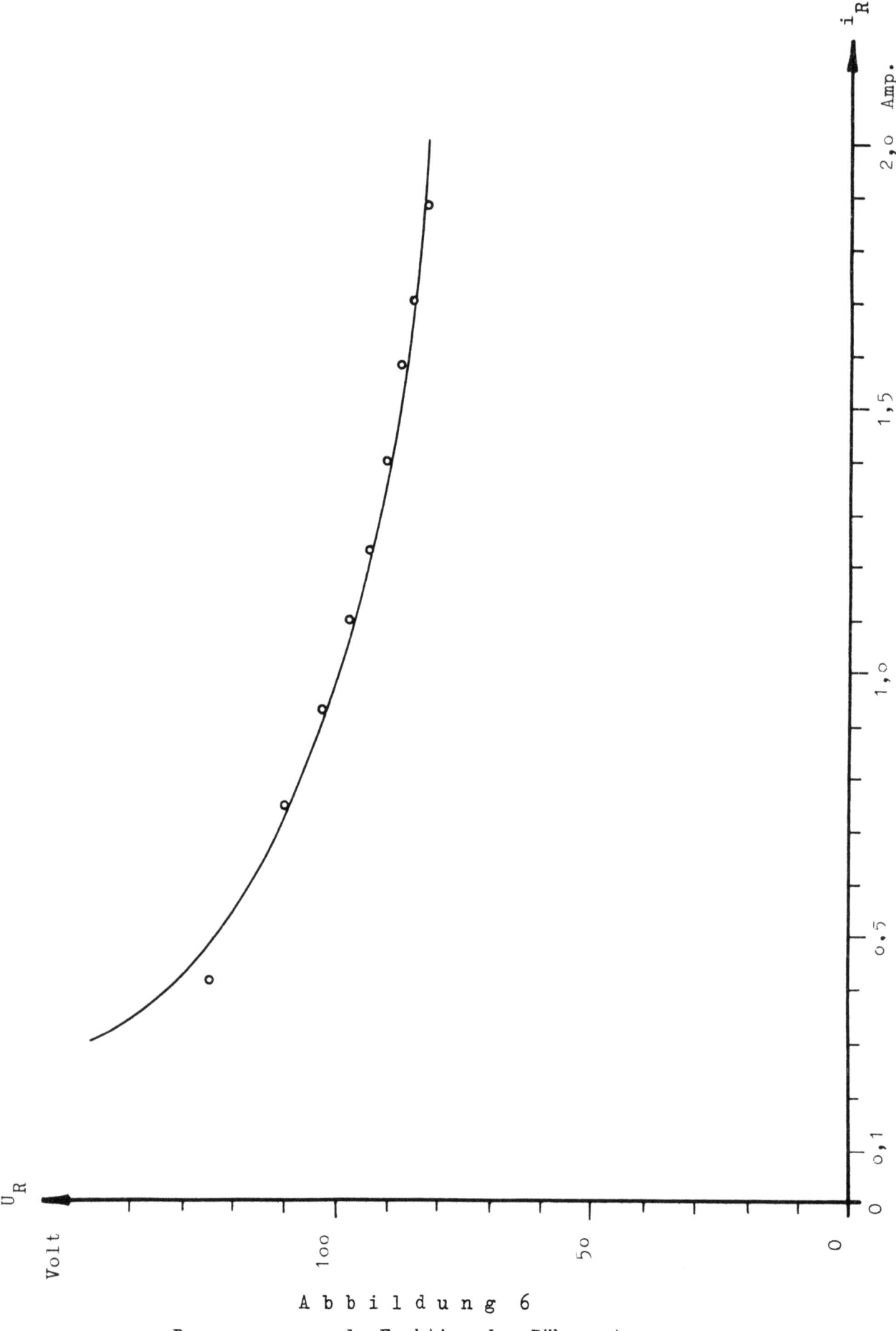

A b b i l d u n g 6

Brennspannung als Funktion des Röhrenstroms

Forschungsberichte des Wirtschafts- und Verkehrsministeriums Nordrhein-Westfalen

4. Röhrentemperatur

Von besonderem Interesse ist die Abhängigkeit des von der Röhre ausgestrahlten Lichtstroms als Funktion der Temperatur der Röhre. Dieser Zusammenhang wurde bei einer konstanten Röhrenleistung von 130 Watt in der gleichen Apparatur gemessen. Abbildung 7 zeigt das Ergebnis, und zwar ist dargestellt die Lichtausbeute in % des Maximalwertes in Abhängigkeit von der Röhrentemperatur. Die Meßwerte sind als Kreise eingetragen und durch eine Kurve miteinander verbunden. Zum Vergleich ist eine der Literatur entnommene Kurve eingezeichnet, die dieselbe Abhängigkeit bei den normalen Leuchtröhren darstellt.

Der Charakter beider Kurven ist generell der gleiche: bei tiefen Temperaturen geringe Lichtausbeute, Durchlaufen eines Maximalwertes und Abfallen der Lichtausbeute bei zu hohen Temperaturen. Es zeigt sich jedoch als grundsätzlicher Unterschied, daß bei Röhren mit größerem Durchmesser sich die optimale Temperatur nach tieferen Werten hin verschiebt.

Die Erklärung für diese Erscheinung kann basierend auf den früheren Ausführungen leicht gegeben werden. Die Stromdichte in den neu entwickelten Röhren liegt bei 0,08 bis 0,10 A/cm^2, während in den normalen Röhren nur Stromdichten von 0,03 bis 0,05 A/cm^2 herrschen. Die dadurch bedingte geringere Ausbeute an Resonanzstrahlung, die erhöhten Volumenverluste, die vermehrte stufenweise Anregung der Quecksilberatome und die Zunahme der Selbstabsorption der Resonanzlinie reduzieren die gesamte Lichtausbeute. Dem kann entgegengewirkt werden, indem die mittlere freie Weglänge in der Entladung vergrößert wird. Dies ist leicht durch Erniedrigung des Dampfdrucks zu erreichen. Dadurch sinkt die Dampfdichte, also die Anzahl der Atome in der Volumeneinheit, wodurch die Zahl der Zusammenstöße in der Zeiteinheit zwischen Atomen und Elektronen abnimmt. Die Volumenverluste werden reduziert, ebenso sinkt die Wahrscheinlichkeit für stufenweise Anregung und die Selbstabsorption der Resonanzlinie wird auch verringert. Alle diese Effekte wirken dann zusammen in der Richtung, beim optimalen Wert des Dampfdrucks die unter den vorliegenden Bedingungen größtmöglichste Lichtemission zu gewährleisten.

Bei den Röhren mit normalem Durchmesser beträgt der günstigste Quecksilberdampfdruck $6 \cdot 10^{-3}$ Torr, entsprechend 40 °C. Es ist bemerkenswert,

Forschungsberichte des Wirtschafts- und Verkehrsministeriums Nordrhein Westfalen

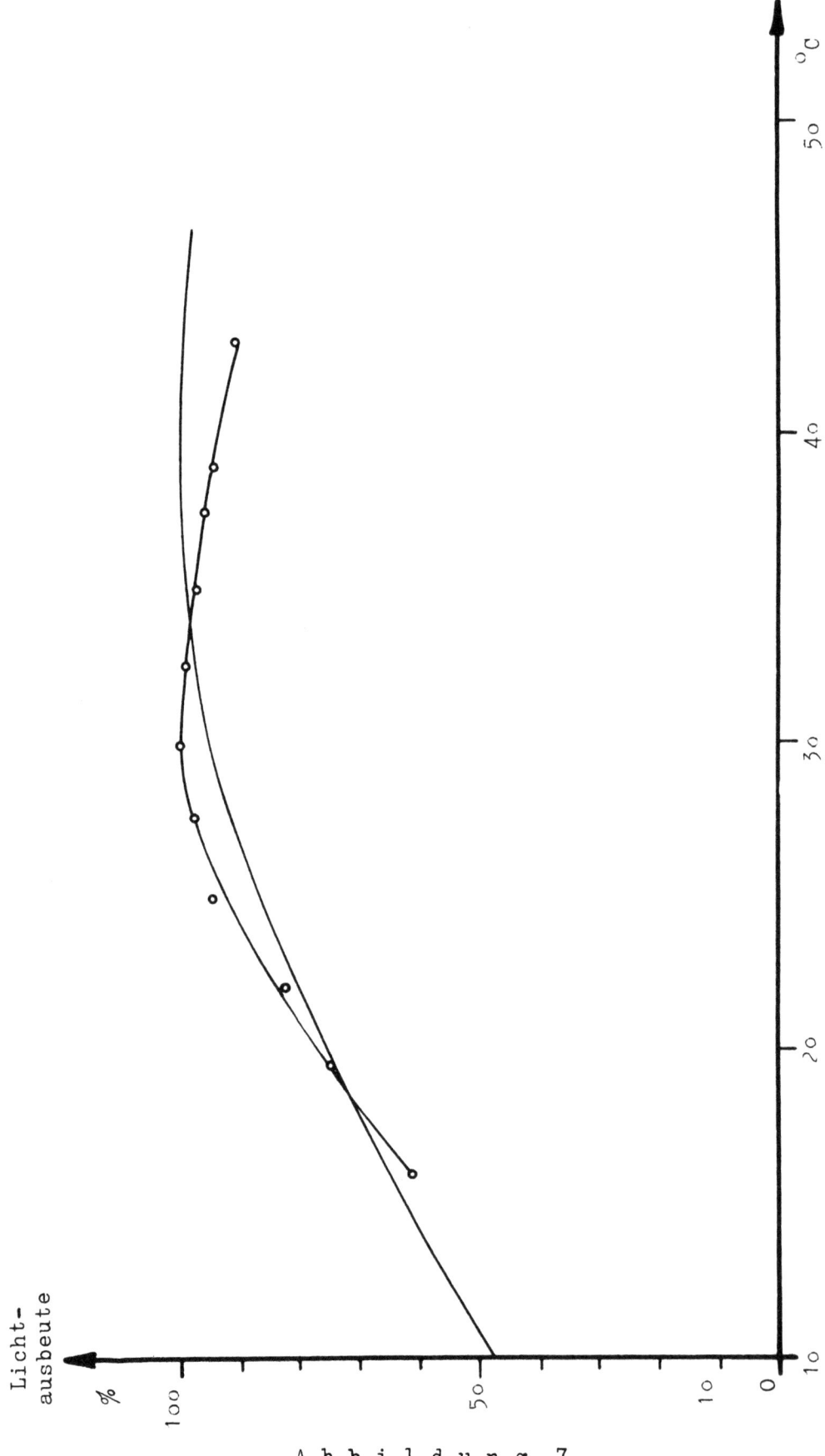

A b b i l d u n g 7

Lichtausbeute in Abhängigkeit von der Röhrentemperatur

daß bei den hier beschriebenen Röhren mit etwa doppelt so großer Stromdichte der Dampfdruck auf die Hälfte herabgesetzt werden muß, denn bei 30 °C beträgt der Dampfdruck nur noch $2,8 \cdot 10^{-3}$ Torr. Es besteht demnach anscheinend die Gesetzmäßigkeit, daß Röhren, welche unter verschiedenen Bedingungen brennen, das Maximum des lichttechnischen Wirkungsgrades dann erreichen, wenn das Produkt aus Stromdichte und Dampfdichte denselben konstanten Wert hat.

5. Vergleich mit handelsüblichen Röhren

Schließlich sind in Tabelle 2 noch Vergleichsmessungen zwischen Röhren des Handels von 40 und 65 Watt und den neu entwickelten Röhren zusammengestellt. Angegeben sind die dem Netz entnommene Leistung einschließlich Drosselverlusten, Röhrenspannung, Röhrenstrom, Stromdichte und spezifische Belastung der Röhren, also Wattaufnahme pro Einheit der Röhrenlänge. Die Werte der Leuchtdichte L der verschiedenen Röhren sind unter gleichen Verhältnissen direkt an der Oberfläche der Röhre mit Photozelle und Filter in willkürlichen Einheiten gemessen. Da alle verglichenen Röhren den gleichen Leuchtstoff enthalten, so sind die entsprechenden Meßwerte direkt ein relatives Maß für die Wirksamkeit der Röhren. Durch Multiplikation der Leuchtdichte L mit dem Röhrenumfang entsteht der spezifische Lichtstrom pro Einheit der Röhrenlänge: $\phi = L \cdot 2\pi r$. Ein Vergleichsmaß für die Lichtausbeute ist die Größe: $2l \cdot \phi / N_N$

Tabelle 2

Röhren- type		N_N Watt	U_R Volt	i Amp	$i/\pi r^2$ Amp/cm^2	$N_N / 2l$ Watt/cm	L willk. Einheit	ϕ	$\phi \cdot 2l / N_N$
Handels-	40 W	57	110	0,48	0,042	0,48	75	896	1880
Röhren	65 W	85	120	0,75	0,066	0,57	100	1190	2100
Hochlei-	120 W	140	75	1,60	0,082	1,05	128	2010	1920
stungs-	150 W	148	83	1,56	0,080	0,97	122	1915	1980
Röhren	150 W	162	80	1,95	0,100	1,06	140	2200	2080

Die Betrachtung der Tabelle zeigt, daß das gesteckte Ziel erreicht wurde. Die neu entwickelten Röhren senden einen etwa doppelt so großen Lichtstrom aus als die stärksten im Handel erhältlichen Leuchtröhren. Dabei ist es gelungen, die einander oft entgegengesetzten Forderungen von Seiten der Gasentladungsphysik, der Lichttechnik und der Elektrotechnik so miteinander zu vereinen und aufeinander abzustimmen, daß diese leistungsfähigen Röhren mit ebenso gutem Wirkungsgrad arbeiten wie die bisher bekannten.

E. Anwendungsbeispiele

Zur Veranschaulichung der Anwendung der beschriebenen Röhren in Lichtpausmaschinen zeigt Abbildung 8 ein Gerät, welches mit einer einzigen Leuchtstoffröhre von 133 cm Länge und 120 W arbeitet. Wie aus der schematischen Darstellung von Abbildung 9 hervorgeht, werden hierbei Original und Pauspapier direkt an der Röhre vorbeigeführt. Eine solche Anordnung hat den höchstmöglichen Wirkungsgrad, da Reflexions- und Absorptionsverluste auf ein Minimum reduziert sind. Die notwendige Kühlung der Röhre wird durch die Transportdecke bewirkt, welche bei Vorbeilauf an der Röhre Wärme aufnimmt und sie beim Rücklauf durch Konvektion an die Umgebung wieder abgibt.

Abbildung 10 zeigt dagegen den Blick in eine Maschine hoher Leistung mit 14 Leuchtstoffröhren. Der Deckel ist geöffnet und man erkennt die an diesen angebrachten 4 Ventilatoren, die für die erforderliche Kühlung sorgen. Im geschlossenen Zustand wird durch den durchbrochenen Deckel Frischluft angesaugt und gegen die Röhren geblasen. Die erwärmte Luft entweicht nach beiden Seiten (im Bild nach vorn und hinten) durch die rasterförmigen Abdeckungen. In Abbildung 11 ist dieselbe Maschine schematisch im Schnitt dargestellt. Das Pausgut wird hier längs einer Glasscheibe transportiert, die den Querschnitt eines parabolischen Zylinders hat. Im Innern dieses Zylinders sind die Röhren parallel dazu angeordnet und möglichst dicht an die Innenwand herangerückt.

Schließlich sei noch darauf hingewiesen, daß solche leistungsfähigen Leuchtstoffröhren auch vorteilhaft für Beleuchtungszwecke eingesetzt werden können. Es empfiehlt sich dann, die Röhrenleistung nicht ganz so hoch zu treiben, da hier im allgemeinen nur mit der natürlichen Kühlung durch Wärmeleitung und Konvektion gerechnet werden kann. Es wurden solche Röhren mit 100 bis 120 W Leistung gebaut, wobei ein weißer Leuchtstoff mit einer Farbtemperatur von 4500 $^{\circ}$K gewählt wurde, welcher eine gute Farbwiedergabe gewährleistet, aber die Nachteile der vielfach üblichen sogenannten Tageslichtröhren mit einer Farbtemperatur von 6500 $^{\circ}$K vermeidet.

Forschungsberichte des Wirtschafts- und Verkehrsministeriums Nordrhein Westfalen

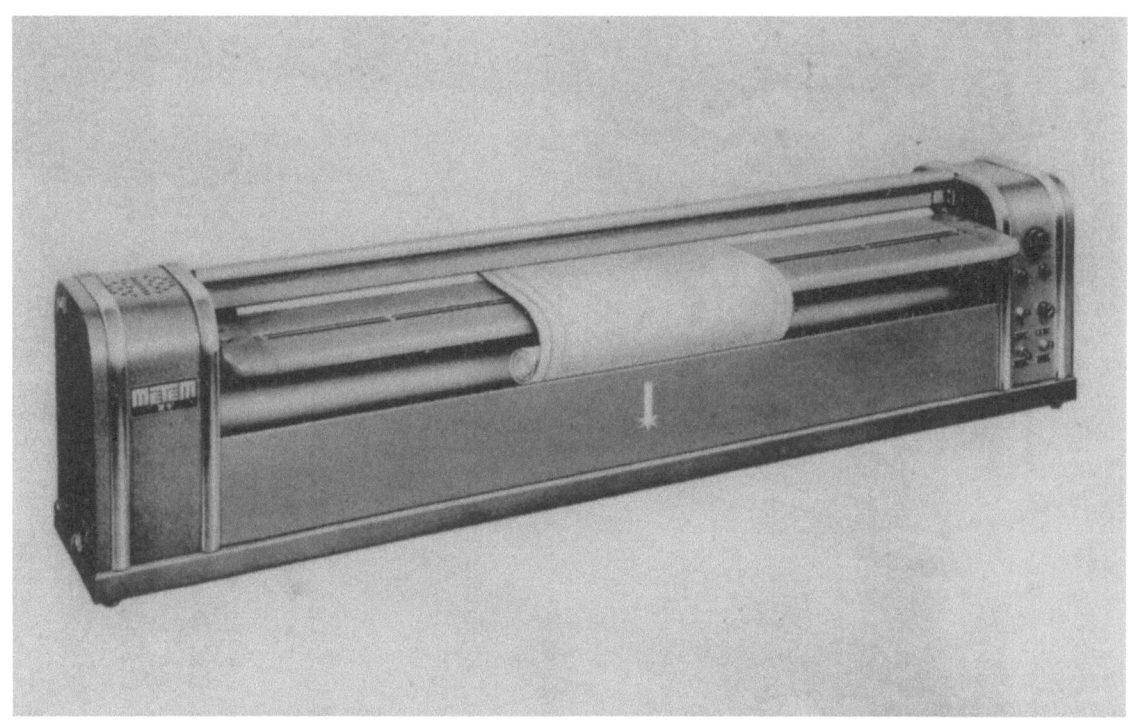

Abbildung 8
Lichtpausmaschine mit einer Leuchtstoffröhre
(Metem 21)

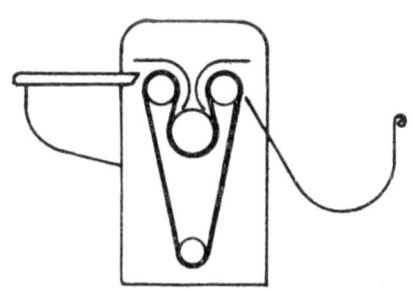

Abbildung 9
Schnitt durch eine METEM 21

Forschungsberichte des Wirtschafts- und Verkehrsministeriums Nordrhein Westfalen

Abbildung 1o
Lichtpausmaschine mit 14 Leuchtstoffröhren
(Metem 34)

Der Vorteil bei der Verwendung dieser leistungsfähigen Röhren liegt darin, daß die Kosten der Installation erheblich gesenkt werden, da die Zahl der zur Erzeugung eines bestimmten Beleuchtungsniveaus erforderlichen Röhren wesentlich geringer ist als bei den normalen Röhren.

Es wurde z.B. eine Fabrikhalle von 28 m Länge, 8 m Breite und 4 m Höhe mit 20 Leuchtstoffröhren von 120 W ausgestattet. In Tischhöhe beträgt die Beleuchtungsstärke bei nur sehr geringen Schwankungen im Mittel 200 Lux. Bei Verwendung der handelsüblichen 40 W-Röhren hätten davon 60 Stück installiert werden müssen.

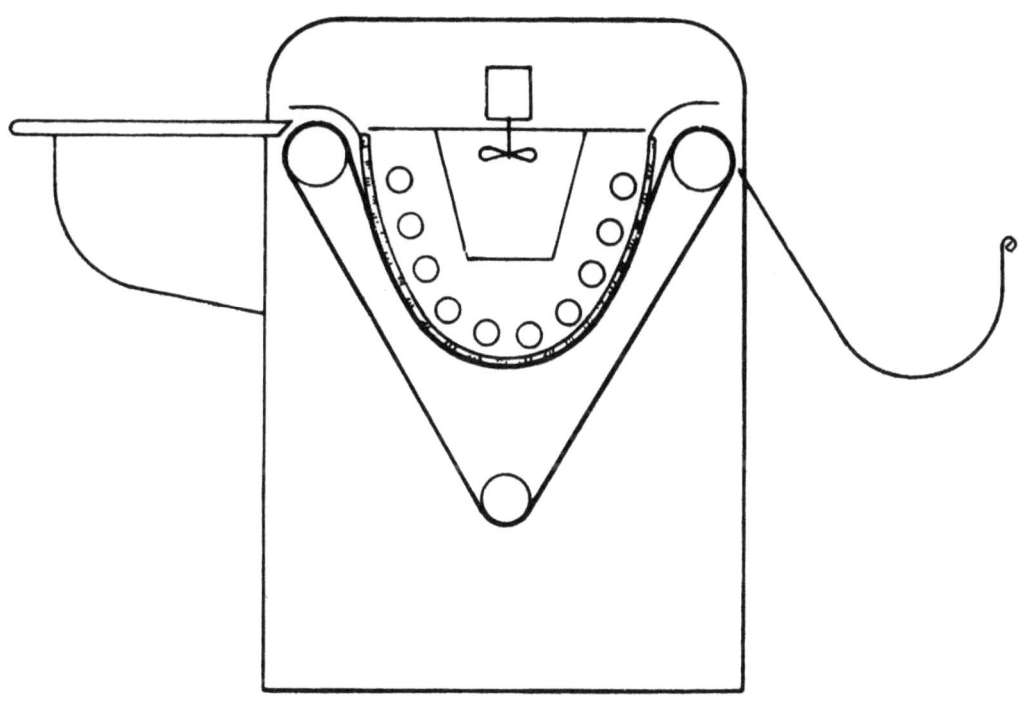

A b b i l d u n g 11
Schnitt durch eine METEM 34

Abbildung 12
Beleuchtung einer Werkshalle mit Hochleistungsröhren

Abbildung 12 zeigt die Beleuchtung in einer Dreherei von 25 m Länge, 9 m Breite und 5 m Höhe. Wie aus dem Bild zu erkennen, ist die Gleichmäßigkeit und Schattenfreiheit der Beleuchtung ausgezeichnet. Durch geeignete Aufteilung der Stromkreise auf die drei Phasen des Drehstromnetzes konnte außerdem erreicht werden, daß kein störendes Flimmern auftritt. Es sind Leuchtstoffröhren mit insgesamt 1500 W installiert, dadurch wird in Arbeitshöhe eine Beleuchtungsstärke von 80 Lux erzeugt.

Dr.phil.habil. J. KÖMNICK
Dr.-Ing. K. MÜNNICH

F. Literaturverzeichnis

M. KNOLL, F. OLLENDORF und R. ROMPE,	Gasentladungstabellen, Berlin 1935
J.D. COBINE,	Gaseous Conductors, New York 1941
P.J. ORANJE,	Gasentladungslampen, Eindhoven 1943
C.L. AMICK,	Fluorescent Lighting Manual, New York 1947
G.F.J. GARLICK,	Luminescent Materials, Oxford 1949
A.E.H. MEYER und E.O. SEITZ,	Ultraviolette Strahlen, Berlin 1949
C. ZWIKKER,	Fluoreszenzbeleuchtung, Eindhoven 1951
J. KÖMNICK,	noch nicht veröffentlichte Untersuchungen

FORSCHUNGSBERICHTE
DES WIRTSCHAFTS- UND VERKEHRSMINISTERIUMS
NORDRHEIN-WESTFALEN

Herausgegeben von Staatssekretär Prof. Leo Brandt

Heft 1:
Prof. Dr.-Ing. Eugen Flegler, Aachen,
Untersuchungen oxydischer Ferromagnet-Werkstoffe

Heft 2:
Prof. Dr. phil. Walter Fuchs, Aachen,
Untersuchungen über absatzfreie Teeröle

Heft 3:
Techn.-Wissenschaftl. Büro für die Bastfaserindustrie, Bielefeld,
Untersuchungsarbeiten zur Verbesserung des Leinenwebstuhls

Heft 4:
Prof. Dr. E. A. Müller u. Dipl.-Ing. H. Spitzer, Dortmund,
Untersuchungen über die Hitzebelastung in Hüttenbetrieben

Heft 5:
Dipl.-Ing. Werner Fister, Aachen,
Prüfstand der Turbinenuntersuchungen

Heft 6:
Prof. Dr. phil. Walter Fuchs, Aachen,
Untersuchungen über die Zusammensetzung und Verwendbarkeit von Schwelteerfraktionen

Heft 7:
Prof. Dr. phil. Walter Fuchs, Aachen,
Untersuchungen über emsländisches Petrolatum

Heft 8:
Maria Elisabeth Meffert und Heinz Stratmann, Essen
Algen-Großkulturen im Sommer 1951

Heft 9:
Techn.-Wissenschaftl. Büro für die Bastfaserindustrie, Bielefeld,
Untersuchungen über die zweckmäßige Wicklungsart von Leinengarnkreuzspulen unter Berücksichtigung der Anwendung hoher Geschwindigkeiten des Garnes
Vorversuche für Zetteln und Schären von Leinengarnen auf Hochleistungsmaschinen

Heft 10:
Prof. Dr. Wilhelm Vogel, Köln,
„Das Streifenpaar" als neues System zur mechanischen Vergrößerung kleiner Verschiebungen und seine technischen Anwendungsmöglichkeiten

Heft 11:
Laboratorium für Werkzeugmaschinen und Betriebslehre, Technische Hochschule Aachen,
1. Untersuchungen über Metallbearbeitung im Fräsvorgang mit Hartmetallwerkzeugen und negativem Spanwinkel
2. Weiterentwicklung des Schleifverfahrens für die Herstellung von Präzisionswerkstücken unter Vermeidung hoher Temperaturen
3. Untersuchung von Oberflächenveredlungsverfahren zur Steigerung der Belastbarkeit hochbeanspruchter Bauteile

Heft 12:
Elektrowärme-Institut, Langenberg (Rhld.),
Induktive Erwärmung mit Netzfrequenz

Heft 13:
Techn.-Wissenschaftl. Büro für die Bastfaserindustrie, Bielefeld,
Das Naßspinnen von Bastfasergarnen mit chemischen Zusätzen zum Spinnbad

Heft 14:
Forschungsstelle für Acetylen, Dortmund,
Untersuchungen über Aceton als Lösungsmittel für Acetylen

Heft 15:
Wäschereiforschung Krefeld,
Trocknen von Wäschestoffen

Heft 16:
Max-Planck-Institut für Kohlenforschung, Mülheim a. d. Ruhr,
Arbeiten des MPI für Kohlenforschung

Heft 17:
Ingenieurbüro Herbert Stein, M. Gladbach,
Untersuchung der Verzugsvorgänge in den Streckwerken verschiedener Spinnereimaschinen. 1. Bericht: Vergleichende Prüfung mit verschiedenen Dickenmeßgeräten

Heft 18:
Wäschereiforschung Krefeld,
Grundlagen zur Erfassung der chemischen Schädigung beim Waschen

Heft 19:
Techn.-Wissenschaftl. Büro für die Bastfaserindustrie, Bielefeld,
Die Auswirkung des Schlichtens von Leinengarnketten auf den Verarbeitungswirkungsgrad, sowie die Festigkeits- und Dehnungsverhältnisse der Garne und Gewebe

Heft 20:
Techn.-Wissenschaftl. Büro für die Bastfaserindustrie, Bielefeld,
Trocknung von Leinengarnen I
Vorgang und Einwirkung auf die Garnqualität

Heft 21:
Techn.-Wissenschaftl. Büro für die Bastfaserindustrie, Bielefeld,
Trocknung von Leinengarnen II
Spulenanordnung und Luftführung beim Trocknen von Kreuzspulen

Heft 22:
Techn.-Wissenschaftl. Büro für die Bastfaserindustrie, Bielefeld,
Die Reparaturanfälligkeit von Webstühlen

Heft 23:
Institut für Starkstromtechnik, Aachen,
Rechnerische und experimentelle Untersuchungen zur Kenntnis der Metadyne als Umformer von konstanter Spannung auf konstanten Strom

Heft 24:
Institut für Starkstromtechnik, Aachen,
Vergleich verschiedener Generator-Metadyne-Schaltungen in bezug auf statisches Verhalten

Heft 25:
Gesellschaft für Kohlentechnik mbH., Dortmund-Eving,
Struktur der Steinkohlen und Steinkohlen-Kokse

Heft 26:
Techn.-Wissenschaftl. Büro für die Bastfaserindustrie, Bielefeld,
Vergleichende Untersuchungen zweier neuzeitlicher Ungleichmäßigkeitsprüfer für Bänder und Garne hinsichtlich Ihrer Eignung für die Bastfaserspinnerei

Heft 27:
Prof. Dr. E. Schratz, Münster,
Untersuchungen zur Rentabilität des Arzneipflanzenanbaues
Römische Kamille, Anthemis nobilis L.

Heft: 28:
Prof. Dr. E. Schratz, Münster,
Calendula officinalis L.
Studien zur Ernährung, Blütenfüllung und Rentabilität der Drogengewinnung

Heft 29:
Techn.-Wissenschaftl. Büro für die Bastfaserindustrie, Bielefeld,
Die Ausnützung der Leinengarne in Geweben

Heft 30:
Gesellschaft für Kohlentechnik mbH., Dortmund-Eving,
Kombinierte Entaschung und Verschwelung von Steinkohle; Aufarbeitung von Steinkohlenschlämmen zu verkokbarer oder verschwelbarer Kohle

Heft 31:
Dipl.-Ing. Störmann, Essen,
Messung des Leistungsbedarfs von Doppelsteg-Kettenförderern

Heft 32:
Techn.-Wissenschaftl. Büro für die Bastfaserindustrie, Bielefeld,
Der Einfluß der Natriumchloridbleiche auf Qualität und Verwebbarkeit von Leinengarnen und die Eigenschaften der Leinengewebe unter besonderer Berücksichtigung des Einsatzes von Schützen- und Spulenwechselautomaten in der Leinenweberei

Heft 33:
Kohlenstoffbiologische Forschungsstation e. V.,
Eine Methode zur Bestimmung von Schwefeldioxyd und Schwefelwasserstoff in Rauchgasen und in der Atmosphäre

Heft 34:
Textilforschungsanstalt Krefeld,
Quellungs- und Entquellungsvorgänge bei Faserstoffen

Heft 35:
Professor Dr. Wilhelm Kast, Krefeld,
Feinstrukturuntersuchungen an künstlichen Zellulosefasern verschiedener Herstellungsverfahren

Heft 36:
Forschungsinstitut der feuerfesten Industrie, Bonn,
Untersuchungen über die Trocknung von Rohton. Untersuchungen über die chemische Reinigung von Silika- und Schamotte-Rohstoffen mit chlorhaltigen Gasen

Heft 37:
Forschungsinstitut der feuerfesten Industrie, Bonn,
Untersuchungen über den Einfluß der Probenvorbereitung auf die Kaltdruckfestigkeit feuerfester Steine

Heft 38:
Forschungsstelle für Acetylen, Dortmund,
Untersuchungen über die Trocknung von Acetylen zur Herstellung von Dissousgas

Heft 39:
Forschungsgesellschaft Blechverarbeitung e. V., Düsseldorf,
Untersuchungen an prägegemusterten und vorgelochten Blechen

Heft 40:
Landesgeologe Dr.-Ing. W. Wolff, Amt für Bodenforschung, Krefeld,
Untersuchungen über die Anwendbarkeit geophysikalischer Verfahren zur Untersuchung von Spateisengängen im Siegerland

Heft 41:
Techn.-Wissenschaftl. Büro für die Bastfaserindustrie, Bielefeld,
Untersuchungsarbeiten zur Verbesserung des Leinenwebstuhles II

Heft 42:
Professor Dr. Burckhardt Helferich, Bonn,
Untersuchungen über Wirkstoffe — Fermente — in der Kartoffel und die Möglichkeit ihrer Verwendung

Heft 43:
Forschungsgesellschaft Blechverarbeitung e. V., Düsseldorf,
Forschungsergebnisse über das Beizen von Blechen

Heft 44:
Arbeitsgemeinschaft für praktische Dehnungsmessung, Düsseldorf,
Eigenschaften und Anwendungen von Dehnungsmeßstreifen

Heft 45:
Losenhausenwerk Düsseldorfer Maschinenbau AG., Düsseldorf,
Untersuchungen von störenden Einflüssen auf die Lastgrenzenanzeige von Dauerschwingprüfmaschinen

Heft 46:
Professor Dr. phil. W. Fuchs, Aachen,
Untersuchungen über die Aufbereitung von Wasser für die Dampferzeugung in Benson-Kesseln

Heft 47:
Prof. Dr.-Ing. habil. Karl Krekeler, Aachen,
Versuche über die Anwendung der induktiven Erwärmung zum Sintern von hochschmelzenden Metallen sowie zur Anlegierung und Vergütung von aufgespritzten Metallschichten mit dem Grundwerkstoff.

Heft 48:
Max-Planck-Institut für Eisenforschung, Düsseldorf,
Spektrochemische Analyse der Gefügebestandteile in Stählen nach ihrer Isolierung

Heft 49:
Max-Planck-Institut für Eisenforschung, Düsseldorf,
Untersuchungen über Ablauf der Desoxydation und die Bildung von Einschlüssen in Stählen

Heft 50:
Max-Planck-Institut für Eisenforschung, Düsseldorf,
Flammenspektralanalytische Untersuchung der Ferritzusammensetzung in Stählen

Heft 51:
Verein zur Förderung von Forschungs- und Entwicklungsarbeiten in der Werkzeugindustrie e. V., Remscheid,
Untersuchungen an Kreissägeblättern für Holz, Fehler- und Spannungsprüfverfahren

Heft 52:
Forschungsstelle für Azetylen, Dortmund,
Untersuchungen über den Umsatz bei der explosiblen Zersetzung von Azetylen
    a) Zersetzung von gasförmigem Azetylen,
    b) Zersetzung von an Silikagel adsorbiertem Azetylen

Heft 53:
Professor Dr.-Ing. H. Opitz, Aachen,
Reibwert- und Verschleißmessungen an Kunststoffgleitführungen für Werkzeugmaschinen

Heft 54:
Professor Dr.-Ing. habil. F. A. F. Schmidt, Aachen,
Schaffung von Grundlagen für die Erhöhung der spez. Leistung und Herabsetzung des spez. Brennstoffverbrauches bei Ottomotoren mit Teilbericht über Arbeiten an einem neuen Einspritzverfahren

Heft 55:
Forschungsgesellschaft Blechverarbeitung, Düsseldorf,
Chemisches Glänzen von Messing und Neusilber

Heft 56:
Forschungsgesellschaft Blechverarbeitung, Düsseldorf,
Untersuchungen über einige Probleme der Behandlung von Blechoberflächen

Heft 57:
Prof. Dr.-Ing. habil. F. A. F. Schmidt, Aachen,
Untersuchungen zur Erforschung des Einflusses des chemischen Aufbaues des Kraftstoffes auf sein Verhalten im Motor und in Brennkammern von Gasturbinen.

Heft 58:
Gesellschaft für Kohlentechnik m. b. H., Dortmund,
Herstellung und Untersuchung von Steinkohlenschwelteer.

Heft 59:
Forschungsinstitut der Feuerfest-Industrie, Bonn,
Ein Schnellanalysenverfahren zur Bestimmung von Aluminiumoxyd, Eisenoxyd und Titanoxyd in feuerfestem Material mittels organischer Farbreagenzien auf photometrischem Wege
Untersuchungen des Alkali-Gehaltes feuerfester Stoffe mit dem Flammenphotometer nach Riehm-Lange

Heft 60:
Forschungsgesellschaft Blechverarbeitung e. V., Düsseldorf,
Untersuchungen über das Spritzlackieren im elektrostatischen Hochspannungsfeld

Heft 61:
Verein zur Förderung von Forschungs- und Entwicklungsarbeiten in der Werkzeugindustrie e. V., Remscheid,
Schwingungs- und Arbeitsverhalten von Kreissägeblättern für Holz

Heft 62:
Professor Dr. W. Franz, Institut für theoretische Physik der Universität Münster,
Berechnung des elektrischen Durchschlags durch feste und flüssige Isolatoren

Heft 63:
Textilforschungsanstalt Krefeld,
Neue Methoden zur Untersuchung der Wirkungsweise von Textilhilfsmitteln
Untersuchungen über Schlichtungs- und Entschlichtungsvorgänge

Heft 64:
Textilforschungsanstalt Krefeld,
Die Kettenlängenverteilung von hochpolymeren Faserstoffen
Über die fraktionierte Fällung von Polyamiden

Heft 65:
Fachverband Schneidwarenindustrie, Solingen
Untersuchungen über das elektrolytische Polieren von Tafelmesserklingen aus rostfreiem Stahl

Heft 66:
Dr.-Ing. Peter Füsgen VDI †, Düsseldorf
Untersuchungen über das Auftreten des Ratterns bei selbsthemmenden Schneckengetrieben und seine Verhütung

Heft 67:
Heinrich Wösthoff o. H. G., Apparatebau, Bochum,
Entwicklung einer chemisch-physikalischen Apparatur zur Bestimmung kleinster Kohlenoxyd-Konzentrationen

Heft 68:
Kohlenstoffbiologische Forschungsstation e. V., Essen
Algengroßkulturen im Sommer 1952
II. Über die unsterile Großkultur von Scenedesmus obliquus

Heft 69:
Wäschereiforschung Krefeld
Bestimmung des Faserabbaues bei Leinen unter besonderer Berücksichtigung der Leinengarnbleiche

Heft 70:
Wäschereiforschung Krefeld
Trocknen von Wäschestoffen

Heft 71:
Prof. Dr.-Ing. K. Leist, Aachen
Kleingasturbinen, insbesondere zum Fahrzeugantrieb

Heft 72:
Prof. Dr.-Ing. K. Leist, Aachen
Beitrag zur Untersuchung von stehenden geraden Turbinengittern mit Hilfe von Druckverteilungsmessungen

Heft 73:
Prof. Dr.-Ing. K. Leist, Aachen
Spannungsoptische Untersuchungen von Turbinenschaufelfüßen

Heft 74:
Max-Planck-Institut für Eisenforschung, Düsseldorf
Versuche zur Klärung des Umwandlungsverhaltens eines sonderkarbidbildenden Chromstahls

Heft 75:
Max-Planck-Institut für Eisenforschung, Düsseldorf
Zeit-Temperatur-Umwandlungs-Schaubilder als Grundlage der Wärmebehandlung der Stähle

Heft 76:
Max-Planck-Institut für Arbeitsphysiologie, Dortmund
Arbeitstechnische und arbeitsphysiologische Rationalisierung von Mauersteinen

Heft 77:
Meteor Apparatebau Paul Schmeck G. m. b. H., Siegen
Entwicklung von Leuchtstoffröhren hoher Leistung

VERÖFFENTLICHUNGEN DER ARBEITSGEMEINSCHAFT FÜR FORSCHUNG DES LANDES NORDRHEIN-WESTFALEN

Im Auftrage des Ministerpräsidenten Karl Arnold
Herausgegeben von Staatssekretär Prof. Leo Brandt

Heft 1:
Prof. Dr.-Ing. Friedrich Seewald, Technische Hochschule Aachen,
Neue Entwicklungen auf dem Gebiete der Antriebsmaschinen
Prof. Dr.-Ing. Friedrich A. F. Schmidt, Technische Hochschule Aachen,
Technischer Stand und Zukunftsaussichten der Verbrennungsmaschinen, insbesondere der Gasturbinen
Dr.-Ing. R. Friedrich, Siemens-Schuckert-Werke A.-G., Mülheimer Werk,
Möglichkeiten und Voraussetzungen der industriellen Verwertung der Gasturbine

Heft 2:
Prof. Dr.-Ing. Wolfgang Riezler, Universität Bonn,
Probleme der Kernphysik
Prof. Dr. phil. Fritz Micheel, Universität Münster,
Isotope als Forschungsmittel in der Chemie und Biochemie

Heft 3:
Prof. Dr. med. Emil Lehnartz, Universität Münster,
Der Chemismus der Muskelmaschine
Prof. Dr. med. Gunther Lehmann, Direktor des Max-Planck-Instituts für Arbeitsphysiologie, Dortmund,
Physiologische Forschung als Voraussetzung der Bestgestaltung der menschlichen Arbeit
Prof. Dr. Heinrich Kraut, Max-Planck-Institut für Arbeitsphysiologie, Dortmund,
Ernährung und Leistungsfähigkeit

Heft 4:
Prof. Dr. Franz Wever, Max-Planck-Institut für Eisenforschung, Düsseldorf,
Aufgaben der Eisenforschung
Prof. Dr.-Ing. Hermann Schenck, Technische Hochschule Aachen,
Entwicklungslinien des deutschen Eisenhüttenwesens
Prof. Dr.-Ing. Max Haas, Techn. Hochschule Aachen,
Wirtschaftliche und technische Bedeutung der Leichtmetalle und ihre Entwicklungsmöglichkeiten

Heft 5:
Prof. Dr. med. Walter Kikuth, Medizinische Akademie Düsseldorf,
Virusforschung
Prof. Dr. Rolf Danneel, Universität Bonn,
Fortschritte der Krebsforschung
Prof. Dr. med. Dr. phil. W. Schulemann, Univ. Bonn,
Wirtschaftliche und organisatorische Gesichtspunkte für die Verbesserung unserer Hochschulforschung

Heft 6:
Prof. Dr. Walter Weizel, Institut für theoretische Physik, Bonn,
Die gegenwärtige Situation der Grundlagenforschung in der Physik
Prof. Dr. Siegfried Strugger, Universität Münster,
Das Duplikantenproblem in der Biologie
Prof. Dr. Rolf Danneel, Universität Bonn,
Über das Verhalten der Mitochondrien bei der Mitose der Mesenchymzellen des Hühner-Embryos
Direktor Dr. Fritz Gummert, Ruhrgas A.-G., Essen,
Überlegungen zu den Faktoren Raum und Zeit im biologischen Geschehen und Möglichkeiten einer Nutzanwendung

Heft 7:
Prof. Dr.-Ing. August Götte, Technische Hochschule Aachen,
Steinkohle als Rohstoff und Energiequelle
Prof. Dr. e. h. Karl Ziegler, Max-Planck-Institut für Kohlenforschung Mülheim a. d. Ruhr,
Über Arbeiten des Max-Planck-Instituts für Kohlenforschung

Heft 8:
Prof. Dr.-Ing. Wilhelm Fucks, Technische Hochschule Aachen,
Die Naturwissenschaft, die Technik und der Mensch
Prof. Dr. sc. pol. Walther Hoffmann, Universität Münster,
Wirtschaftliche und soziologische Probleme des technischen Fortschritts

Heft 9:
Prof. Dr.-Ing. Franz Bollenrath, Technische Hochschule Aachen,
Zur Entwicklung warmfester Werkstoffe
Dr. Heinrich Kaiser, Staatl. Materialprüfungsamt Dortmund,
Stand spektralanalytischer Prüfverfahren und Folgerung für deutsche Verhältnisse

Heft 10:
Prof. Dr. Hans Braun, Universität Bonn,
Möglichkeiten und Grenzen der Resistenzzüchtung
Prof. Dr.-Ing. Carl Heinrich Dencker, Universität Bonn,
Der Weg der Landwirtschaft von der Energieautarkie zur Fremdenergie

Heft 11:
Prof. Dr.-Ing. Herwart Opitz, Technische Hochschule Aachen,
Entwicklungslinien der Fertigungstechnik in der Metallbearbeitung
Prof. Dr.-Ing. Karl Krekeler, Technische Hochschule Aachen,
Stand und Aussichten der schweißtechnischen Fertigungsverfahren

Heft: 12
Dr. Hermann Rathert, Mitglied des Vorstandes der Vereinigten Glanzstoff-Fabriken A.-G., Wuppertal-Elberfeld,
Entwicklung auf dem Gebiet der Chemiefaser-Herstellung
Prof. Dr. Wilhelm Weltzien, Direktor der Textilforschungsanstalt Krefeld,
Rohstoff und Veredlung in der Textilwirtschaft

Heft: 13
Dr.-Ing. e. h. Karl Herz, Chefingenieur im Bundesministerium für das Post- und Fernmeldewesen Frankfurt a. Main,
Die technischen Entwicklungstendenzen im elektrischen Nachrichtenwesen
Ministerialdirektor Dipl.-Ing. Leo Brandt, Düsseldorf,
Navigation und Luftsicherung

Heft 14:
Prof. Dr. Burckhardt Helferich, Universität Bonn,
Stand der Enzymchemie und ihre Bedeutung
Prof. Dr. med. Hugo W. Knipping, Direktor der Med. Universitätsklinik Köln,
Ausschnitt aus der klinischen Carcinomforschung am Beispiel des Lungenkrebses

Heft 15:
Prof. Dr. Abraham Esau, Technische Hochschule Aachen,
Die Bedeutung von Wellenimpulsverfahren in Technik und Natur
Prof. Dr.-Ing. Eugen Flegler, Technische Hochschule Aachen,
Die ferromagnetischen Werkstoffe in der Elektrotechnik und ihre neueste Entwicklung

Heft 16:
Prof. Dr. rer. pol. Rudolf Seyffert, Universität Köln,
Die Problematik der Distribution
Prof. Dr. rer. pol. Theodor Beste, Universität Köln,
Der Leistungslohn

Heft 17:
Prof. Dr.-Ing. Friedrich Seewald, Technische Hochschule Aachen,
Die Flugtechnik und ihre Bedeutung für den allgemeinen technischen Fortschritt
Prof. Dr.-Ing. Edouard Houdremont, Essen,
Art und Organisation der Forschung in einem Industriekonzern

Heft 18:
Prof. Dr. med. Dr. phil. W. Schulemann, Universität Bonn,
Theorie und Praxis pharmakologischer Forschung
Prof. Dr. Wilhelm Groth, Direktor des Physikalisch-Chemischen Instituts, Universität Bonn,
Technische Verfahren zur Isotopentrennung

Heft 19:
Dipl.-Ing. Kurt Traenckner, Stellvertr. Vorstandsmitglied der Ruhrgas-A.G., Essen,
Entwicklungstendenzen der Gaserzeugung

Heft 21:
Prof. Dr. phil. Robert Schwarz, Aachen,
Wesen und Bedeutung der Silicium-Chemie
Prof. Dr. Kurt Alder, Universität Köln,
Fortschritte in der Synthese von Kohlenstoffverbindungen

Heft 21 a
Jahresfeier der Arbeitsgemeinschaft für Forschung des Landes Nordrhein-Westfalen am 21. 5. 1952 in Düsseldorf mit Ansprachen des Herrn Bundespräsidenten Professor Dr. Theodor Heuss, des Herrn Ministerpräsidenten Arnold, Frau Kultusminister Teusch, der Herren Professor Dr. Hahn, Professor Dr. Strugger, Vizepräsident Dobbert, Professor Dr. Richter, Professor Dr. Fucks.

Heft 22:
Prof. Dr. Johannes von Allesch, Universität Göttingen,
Die Bedeutung der Psychologie im öffentlichen Leben
Prof. Dr. med. Otto Graf, Max-Planck-Institut für Arbeitsphysiologie, Dortmund,
Triebfedern menschlicher Leistung

Heft 23:
Prof. Dr. phil. Dr. jur. h. c. Bruno Kuske, Universität Köln,
Probleme der Raumforschung
Prof. Dr. Dr.-Ing. e. h. Prager,
Städtebau und Landesplanung

Heft 23 a:
M. Zvegintzov, Wissenschaftliche Forschung und die Auswertung ihrer Ergebnisse. Ziel und Tätigkeit der National Research Development Corporation
Dr. Alexander King, Department of Scientific & Industrial Research, London,
Wissenschaft und internationale Beziehungen

Heft 24:
Prof. Dr. Rolf Danneel, Universität Bonn,
Über die Wirkungsweise der Erbfaktoren
Prof. Dr. K. Herzog, Medizinische Akademie Düsseldorf,
Bewegungsbedarf der menschlichen Gliedmaßengelenke bei der Berufsarbeit

Heft 25:
Prof. Dr. O. Haxel, Heidelberg,
Energiegewinnung aus Kernprozessen
Dr. Dr. Max Wolf, Düsseldorf,
Gegenwartsprobleme der energiewirtschaftlichen Forschung

Heft 26:
Prof. Dr. Friedrich Becker, Universität Bonn,
Ultrakurzwellen aus dem Weltraum, ein neues Forschungsgebiet der Astronomie
Dozent Dr. H. Straßl, Bonn,
Bemerkenswerte Doppelsterne und das Problem der Sternentwicklung

Heft 27:
Prof. Dr. Heinrich Behnke, Universität Münster,
Der Strukturwandel der Mathematik in der ersten Hälfte des 20. Jahrhunderts
Prof. Dr. E. Sperner, Bonn,
Eine mathematische Analyse der Luftdruckverteilungen in großen Gebieten

Heft 28:
Prof. Dr. O. Niemczyk, Aachen,
Die Problematik gebirgsmechanischer Vorgänge im Steinkohlenbergbau
Prof. Dr. W. Ahrens, Krefeld,
Die Bedeutung geologischer Forschung für die Wirtschaft, besonders in Nordrhein-Westfalen

Heft 29:
Prof. Dr. B. Rensch, Münster,
Das Problem der Residuen bei Lernleistungen
Prof. Dr. H. Fink, Köln,
Über Leberschäden bei der Bestimmung des biologischen Wertes verschiedener Eiweiße von Mikroorganismen

Heft 30:
Prof. Dr.-Ing. F. Seewald, Aachen,
Forschungen auf dem Gebiete der Aerodynamik
Prof. Dr.-Ing. K. Leist, Aachen,
Forschungen in der Gasturbinentechnik

Heft 31:
Direktor Dr. F. Mietzsch, Wuppertal,
Chemie und wirtschaftliche Bedeutung der Sulfonamide
Prof. Dr. G. Domagk, Wuppertal,
Die experimentellen Grundlagen der Chemotherapie der bakteriellen Infektionen

Heft 32:
Prof. Dr. Hans Braun, Universität Bonn,
Die Verschleppung von Pflanzenkrankheiten und -schädlingen über die Welt
Prof. Dr. Wilhelm Rudorf, Max-Planck-Institut für Züchtungsforschung, Voldagsen,
Der Beitrag von Genetik und Züchtung zur Bekämpfung von Viruskrankheiten der Nutzpflanzen

Heft 33:
Prof. Dr.-Ing. V. Aschoff, Aachen,
Probleme der elektroakustischen Einkanalübertragung
Prof. Dr.-Ing. H. Döring, Aachen,
Erzeugung und Verstärkung von Mikrowellen

Heft 34:
Geheimrat Prof. Dr. Rudolf Schenck, Aachen,
Bedingungen und Gang der Kohlenhydratsynthese im Licht
Prof. Dr. Emil Lehnartz, Universität Münster,
Die Endstufen des Stoffabbaus im Organismus

Heft 35:
Prof. Dr.-Ing. H. Schenk, Aachen,
Gegenwartsprobleme der Eisenindustrie in Deutschland
Prof. Dr.-Ing. E. Piwowarsky, Aachen,
Gelöste und ungelöste Probleme des Gießereiwesens

Geisteswissenschaften

Heft 1:
Prof. Dr. W. Richter, Bonn,
Die Bedeutung der Geisteswissenschaften für die Bildung unserer Zeit

Prof. Dr. J. Ritter, Münster,
Die aristotelische Lehre vom Ursprung und Sinn der Theorie

Heft 2:
Prof. Dr. J. Kroll, Köln,
Elysium
Prof. Dr. G. Jachmann, Köln,
Die vierte Ekloge Vergils

Heft 3:
Prof. Dr. H. E. Stier, Münster,
Die klassische Demokratie

Heft 4:
Prof. Dr. W. Caskel, Köln,
Lihjan und Lihjanisch. Sprache und Kultur eines früharabischen Königreiches

Heft 5:
Prof. Dr. Th. Ohm, Münster,
Stammesreligionen im südlichen Tanganyika-Territorium. — Religionswissenschaftliche Ergebnisse meiner Ostafrikareise 1951

Heft 6:
Prälat Prof. Dr. G. Schreiber, Münster,
Deutsche Wissenschaftspolitik von Bismarck bis zum Atomphysiker Otto Hahn

Heft 7:
Prof. Dr. W. Holtzmann, Bonn,
Das mittelalterliche Imperium und die werdenden Nationen

Heft 8:
Prof. Dr. W. Caskel, Köln,
Die Bedeutung der Beduinen in der Geschichte der Araber

Heft 9:
Prälat Prof. Dr. G. Schreiber, Münster,
Iroschottische und angelsächsische Kultureinflüsse im Mittelalter

Heft 10:
Prof. Dr. P. Rassow, Köln,
Forschungen zur Reichsidee im 16. und 17. Jahrhundert

Heft 11:
Prof. Dr. H. E. Stier, Münster,
Roms Aufstieg zur Weltherrschaft

Heft 12:
Prof. Dr. D. K. H. Rengstorf, Münster,
Zum Problem der Gleichberechtigung zwischen Mann und Frau auf dem Boden des Urchristentums
Prof. Dr. H. Conrad, Bonn,
Grundprobleme einer Reform des Familienrechts

Heft 13:
Professor Dr. Max Braubach, Bonn,
Der Weg zum 20. Juli 1944 — Ein Forschungsbericht

Heft 14:
Prof. Dr. Paul Hübinger, Münster
Das deutsch-französische Verhältnis und seine mittelalterlichen Grundlagen

Heft 15:
Prof. Dr. Franz Steinbach, Bonn,
Der geschichtliche Weg des wirtschaftenden Menschen in die soziale Freiheit und politische Verantwortung

Heft 16:
Prof. Dr. Josef Koch, Köln,
Die Ars coniecturalis des Nikolaus von Cues

Heft 17:
Dr. James B. Conant,
U.S.-Hochkommissar für Deutschland,
Staatsbürger und Wissenschaftler
Prof. Dr. D. Karl Heinrich Rengstorf, Münster,
Antike und Christentum

Heft 18:
Prof. Dr. Richard Alewyn, Köln,
Klopstocks Publikum

Heft 19:
Prof. Dr. Fritz Schalk, Köln,
Das Lächerliche in der französischen Literatur des Ancien Régime

Heft 20:
Prof. Dr. Ludwig Raiser, Bad Godesberg,
Präsident der Deutschen Forschungsgemeinschaft
Rechtsfragen der Mitbestimmung

Heft 21:
Prof. D. Martin Noth, Bonn,
Das Geschichtsverständnis der alttestamentlichen Apokalyptik

MIX
Papier aus verantwortungsvollen Quellen
Paper from responsible sources
FSC® C105338

If you have any concerns about our products,
you can contact us on
ProductSafety@springernature.com

In case Publisher is established outside the EU,
the EU authorized representative is:
Springer Nature Customer Service Center GmbH
Europaplatz 3, 69115 Heidelberg, Germany

Printed by Libri Plureos GmbH
in Hamburg, Germany